HANDBOOK
OF EXQUISITE
HOME DECORATION

精装房
软装
设计手册

○李江军 编

江苏凤凰科学技术出版社

图书在版编目（CIP）数据

精装房软装设计手册 / 李江军编 . — 南京 ：江苏
凤凰科学技术出版社，2019.7
ISBN 978-7-5713-0343-3

Ⅰ . ①精… Ⅱ . ①李… Ⅲ . ①室内装饰设计－手册
Ⅳ . ① TU238.2-62

中国版本图书馆 CIP 数据核字 (2019) 第 095752 号

精装房软装设计手册

编　　　者	李江军
项 目 策 划	凤凰空间／彭　娜
责 任 编 辑	刘屹立　赵　研
特 约 编 辑	张爱萍

出 版 发 行	江苏凤凰科学技术出版社
出版社地址	南京市湖南路1号A楼，邮编：210009
出版社网址	http：∥www.pspress.cn
总 　经 　销	天津凤凰空间文化传媒有限公司
总经销网址	http：∥www.ifengspace.cn
印　　　刷	北京博海升彩色印刷有限公司

开　　　本	889 mm×1194 mm　1／16
印　　　张	18
版　　　次	2019年7月第1版
印　　　次	2019年7月第1次印刷

标 准 书 号	ISBN 978-7-5713-0343-3
定　　　价	288.00元（精）

图书如有印装质量问题，可随时向销售部调换（电话：022-87893668）。

前言
preface

　　近几年来，全国各地陆续出台推广精装房的政策条例，越来越多的新楼盘开始以精装房的形式面向购房者，并逐渐成为一种趋势。与毛坯房相比，精装房免去了购房者装修的烦恼，也节省了从购买到入住所需的时间。购买即可入住无论是自住还是投资都是一种省心、省力、省时的选择。因为精装房在交房屋钥匙前，所有功能空间的固定面全部铺装或粉刷完成，厨房和卫浴间的基本设备全部安装完成，除了少数对户型结构或空间色彩不满意的居住者之外，很少有人会对精装房进行大规模的施工，所以软装设计开始代替硬装成为精装房入住前的重头戏。

　　软装设计是一个系统的工程，想成为一名合格的软装设计师或者想要通过软装布置自己的新家，不仅要了解多种多样的软装风格，还要培养一定的色彩美学修养，对品类繁多的软装元素更是要了解其设计法则。如果仅有空泛枯燥的理论，而没有进一步形象的阐述，很难让缺乏专业知识的人学好软装设计。

　　《精装房软装设计手册》是一本真正对精装房软装设计深入解析的图书。为了确保本书内容的真实性、准确性和丰富性，本书编者花费一年多的时间，查阅了大量国内外软装资料，再结合国内软装设计的发展特点，归纳出一系列适合实战应用的软装设计规律。把色彩、照明、窗帘、家具、装饰画、照片墙、插花、地毯、抱枕、装饰镜以及软装饰品等元素按章节细分，用图文结合的形式进行软装基础理论的阐述和实战设计的解析。重点内容包括：如何应用色彩改变精装房的环境氛围、精装房空间家具的功能尺寸和陈设要点、不同装饰风格的灯具搭配方案、软装布艺的风格搭配与材质种类、如何利用软装饰品布置和打造空间美感等。

　　本书力求结构清晰易懂，知识点深入浅出，不谈枯燥的理论体系，只谈软装元素在室内设计中的具体应用，符合图书轻阅读的流行趋势。不仅可以作为室内设计师和相关从业人员的参考工具书、软装艺术爱好者的普及读物，也可作为高等院校相关专业的教材。

目录
contents

第一章　精装房软装设计基础　　　　7

◇ **第一节　精装房定义与软装设计原则** 8
01　精装房概念与交付标准 8
02　精装房验收要点 9
03　精装房软装设计内容 10
04　精装房软装设计要点 12

◇ **第二节　精装房软装设计流程** 13
01　设计流程 14
02　方案环节 16
03　采购环节 18
04　摆场环节 19

第二章　常见风格精装房的软装要素解析　　21

◇ **第一节　简约风格精装房** 22
01　软装要素 22
02　实例解析 24

◇ **第二节　轻奢风格精装房** 26
01　软装要素 26
02　实例解析 28

◇ **第三节　美式风格精装房** 30
01　软装要素 30
02　实例解析 32

◇ **第四节　北欧风格精装房** 34
01　软装要素 34
02　实例解析 36

◇ **第五节　法式风格精装房** 38
01　软装要素 38
02　实例解析 40

◇ **第六节　新中式风格精装房** 42
01　软装要素 42
02　实例解析 44

第三章　精装房色彩搭配美学　　　　47

◇ **第一节　色彩设计基础与应用** 48
01　掌握色彩的基础知识 48
02　精装房经典配色方案 52
03　精装房墙面配色重点 54
04　精装房常用色彩解析 55

◇ **第二节　调整空间缺陷的配色技法** 61
01　提亮空间光线的配色技法 61
02　缓解空间狭长感的配色技法 62
03　实现小空间扩容的配色技法 63
04　提升空间视觉层高的配色技法 64

◇ **第三节　精装房墙面图案的氛围营造** 65
01　墙面图案装饰作用 65
02　墙面图案尺寸比例 66
03　墙面图案内容选择 66
04　常见墙面图案的类型 67

第四章　精装房灯光氛围营造与灯具选择　　71

◇ **第一节　室内照明基础知识** 72
01　照明色温与照度的概念 72
02　灯具搭配原则 73
03　灯光与装修材料的关系 74
04　灯具外观的色彩搭配 75

◇ **第二节　光源与照明方式** 76
01　灯泡的类型与特点 76
02　精装房的照明方式 77
03　不同布光方式的氛围营造 78

◇ **第三节　精装房照明灯具选择** 79
01　灯具风格 79
02　灯具材质 83
03　灯具造型 84

◇ **第四节　精装房空间照明设计方案** 89
01　玄关照明 89
02　客厅照明 90
03　卧室照明 91
04　书房照明 94
05　餐厅照明 96
06　厨房照明 98
07　卫浴间照明 100

第五章 精装房窗帘样式与搭配技法 **103**

◇ 第一节 窗帘样式与尺寸测量 104

    01 窗帘样式选择 104

    02 了解窗帘的组成 108

    03 窗帘尺寸测量 111

◇ 第二节 窗帘色彩与图案搭配 115

    01 精装房窗帘色彩与图案搭配重点 115

    02 精装房窗帘色彩搭配技法 116

    03 常见风格的窗帘色彩搭配 118

◇ 第三节 精装房空间窗帘搭配方案 120

    01 客厅窗帘 120

    02 餐厅窗帘 121

    03 卧室窗帘 121

    04 儿童房窗帘 122

    05 书房窗帘 122

    06 厨房窗帘 123

    07 卫浴间窗帘 124

第六章 精装房家具陈设尺寸与布局法则 **125**

◇ 第一节 家具布局的基本原则 126

    01 家具尺寸与空间比例 126

    02 家具平面布置与立面布置 127

    03 家具布置的二八法则 128

    04 家具布局的活动空间与活动路线 128

    05 家具布局的视线调整 130

◇ 第二节 精装房家具的色彩搭配 131

    01 家具色彩的主次关系 131

    02 家具材质与色彩的关系 132

    03 家具色彩搭配技法 132

    04 家具单品色彩搭配 134

◇ 第三节 精装房家具类型选择 136

    01 家具风格 136

    02 家具材质 139

◇ 第四节 精装房空间家具陈设尺寸 140

    01 玄关家具 140

    02 客厅家具 142

    03 餐厅家具 152

    04 卧室家具 156

    05 儿童房家具 165

    06 书房家具 167

第七章 精装房装饰画选择与悬挂方案 **171**

◇ 第一节 精装房装饰画搭配重点 172

    01 画框搭配 172

    02 色彩搭配 173

    03 风格搭配 174

◇ 第二节 精装房装饰画悬挂技法 176

    01 悬挂尺寸 176

    02 悬挂数量 177

    03 悬挂方式 178

◇ 第三节 精装房空间装饰画搭配方案 180

    01 客厅装饰画 180

    02 玄关装饰画 181

    03 餐厅装饰画 182

    04 卧室装饰画 183

    05 儿童房装饰画 184

    06 厨房装饰画 185

    07 卫浴间装饰画 186

第八章 精装房照片墙设计要点 **187**

◇ 第一节 照片墙布置的三大重点 188

    01 照片墙内容选择 188

    02 照片墙风格搭配 190

    03 照片墙安装技巧 191

◇ 第二节 精装房空间照片墙搭配方案 194

    01 楼梯照片墙 194

    02 过道照片墙 195

    03 客厅照片墙 196

    04 餐厅照片墙 197

    05 卧室照片墙 198

第九章 软装插花基础与布置要点 **199**

◇ 第一节 花器选择要点 200

    01 花器造型分类 200

    02 花器材质类型 201

    03 花器风格搭配 205

◇ 第二节 插花搭配法则 206

    01 东西方插花特点 206

    02 插花风格搭配 207

    03 插花色彩搭配 212

◇ 第三节 精装房空间插花搭配方案 ………………… 214

01 客厅插花 …………… 214
02 餐厅插花 …………… 216
03 卧室插花 …………… 217
04 书房插花 …………… 218
05 厨卫插花 …………… 219
06 玄关与过道插花 …………… 220

第十章 地毯类型与铺设方案　　221

◇ 第一节 精装房地毯类型 ………………… 222

01 地毯材质 …………… 222
02 地毯风格 …………… 223

◇ 第二节 地毯色彩搭配与应用法则 ………………… 225

01 地毯色彩搭配重点 …………… 225
02 地毯与空间环境的关系 …………… 228
03 不同色彩地毯的应用法则 …………… 229
04 地毯改善空间缺陷的技法 …………… 230

◇ 第三节 精装房空间地毯铺设方案 ………………… 231

01 客厅地毯 …………… 231
02 卧室地毯 …………… 233
03 餐厅地毯 …………… 235
04 玄关与过道地毯 …………… 237
05 厨卫地毯 …………… 238

第十一章 抱枕色彩搭配与摆设方案　　239

◇ 第一节 抱枕类型选择 ………………… 240

01 抱枕材料 …………… 240
02 抱枕风格 …………… 242

◇ 第二节 抱枕色彩搭配 ………………… 245

01 色彩平衡法 …………… 246
02 色彩主线法 …………… 247
03 图案突显法 …………… 248

◇ 第三节 抱枕摆设方案 ………………… 249

01 对称摆设法 …………… 250
02 随意摆设法 …………… 250
03 大小摆设法 …………… 250
04 里外摆设法 …………… 250

第十二章 装饰镜类型与应用法则　　251

◇ 第一节 装饰镜选择重点 ………………… 252

01 装饰镜造型 …………… 252
02 装饰镜颜色 …………… 255

◇ 第二节 装饰镜布置法则 ………………… 256

01 装饰镜的功能 …………… 256
02 装饰镜挂放位置 …………… 257

◇ 第三节 精装房空间装饰镜搭配方案 ………………… 258

01 客厅装饰镜 …………… 258
02 餐厅装饰镜 …………… 259
03 卧室装饰镜 …………… 260
04 卫浴间装饰镜 …………… 261
05 玄关与过道装饰镜 …………… 262

第十三章 软装饰品搭配与陈设艺术　　263

◇ 第一节 软装饰品陈设重点 ………………… 264

01 软装饰品类型选择 …………… 264
02 软装饰品陈设技法 …………… 265

◇ 第二节 软装饰品风格搭配 ………………… 269

01 北欧风格软装饰品 …………… 269
02 中式风格软装饰品 …………… 270
03 美式风格软装饰品 …………… 271
04 法式风格软装饰品 …………… 272
05 现代风格软装饰品 …………… 273
06 东南亚风格软装饰品 …………… 274

◇ 第三节 精装房空间软装饰品搭配方案 ………………… 275

01 客厅软装饰品 …………… 275
02 玄关软装饰品 …………… 279
03 过道软装饰品 …………… 280
04 餐厅软装饰品 …………… 281
05 卧室软装饰品 …………… 284
06 儿童房软装饰品 …………… 285
07 书房软装饰品 …………… 286
08 茶室软装饰品 …………… 287
09 厨卫软装饰品 …………… 288

近几年来，全国各地开始陆续出台精装房的相关政策条例，也就是说，毛坯房交付的模式将逐步退出房地产市场。精装房在交付时基本已完成硬装施工，所以后期主要是通过软装设计完成入住前的装饰。软装设计一词是近几年来业内约定俗称的一种说法，其实更为精确的应该叫作家居陈设，是指将家具陈设、照明灯具、布艺织物、软装饰品等元素通过完美设计手法将所要表达的空间意境呈现出来。

「 精 装 房 软 装 设 计 手 册 」

第一章

精装房
软装设计
基础

第一节 **精装房定义与软装设计原则**

Point

01 **精装房概念与交付标准**

　　精装房又称成品房，是指在交房屋钥匙前，所有功能空间的固定面全部铺装或粉刷完成，厨房和卫浴间的基本设备全部安装完成。

　　随着都市人生活节奏的加快，买精装房可以在很大程度上减少购房者在装修上所花的时间。此外，由于精装房设计一体化、

集中采购、统一装修，因此有利于资源最大化并降低装修成本，而且比毛坯房更加节能环保。早在 2002 年，建设部就正式推出了《商品住宅装修一次到位实施细则》，要求房地产企业开发商品住宅时，将家居装修连同住宅主体结构一起设计、施工到位后再进行销售，以满足购房人直接入住的要求。

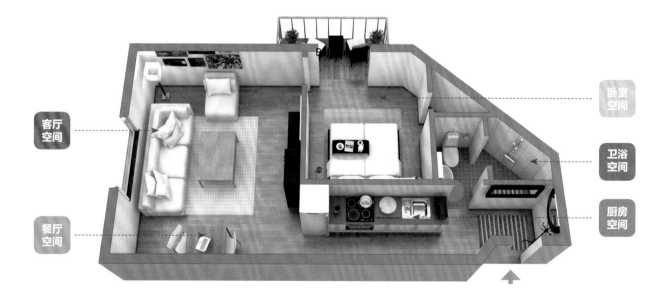

| **客厅空间** | 交付时已完成顶、墙、地等空间界面的装修，后期可选择通过改变墙面色彩的方式营造空间氛围。除了沙发、茶几、单椅、电视柜等家具之外，吊灯与落地灯或台灯、窗帘、地毯等元素必不可少，墙面挂相应风格的装饰画及各类装饰挂件。 |

| **餐厅空间** | 交付时已完成顶、墙、地等空间界面的装修，后期软装搭配时应注重和客厅空间的呼应。餐桌、餐椅以及餐边柜等是餐厅的主角，除了必备的照明灯具之外，餐厅墙面可悬挂风景、蔬果以及饮食主题的装饰画，如选择悬挂合适的装饰镜，更有丰衣足食的美好寓意。 |

| **卧室空间** | 交付时已完成顶、墙、地等空间界面的装修，床、床头柜以及衣柜是卧室空间必不可少的家具，窗帘、床品、地毯以及抱枕等布艺是营造卧室氛围最重要的软装元素。床头墙上挂画或装饰挂件，床头柜上摆设相框、台灯等小型摆件也是常见的软装搭配手法。 |

| **厨房空间** | 交付时已完成顶、墙、地等空间界面的装修，安装好橱柜、灶台和油烟机等。后期软装搭配时可在墙面悬挂合适题材的装饰画，并选择具有防火和防潮性能，如玻璃、陶瓷一类的软装饰品进行点缀。 |

| **卫浴空间** | 交付时已完成顶、墙、地等空间界面的装修，安装好盥洗台、马桶、淋浴器、浴霸等。后期软装搭配的饰品除了一些装饰性的花器、梳妆镜之外，比较常见的是洗漱套件，墙面宜选择防水耐湿材质的装饰挂件。 |

精装房交付标准

顶面和墙面有一定的造型，并能考虑到一定的设计效果，而且要求所用的材料绿色环保。

在地面上必须完成瓷砖或木地板的铺设，如铺贴品牌玻化砖、仿古砖或结合大理石等中高档材料。

卫浴间和厨房的硬件，如淋浴器、马桶、盥洗台、浴霸、油烟机、灶台等，应采用知名品牌并保证售后服务。

★ 需要注意的是，由于各开发商其精装修的标准可能会略有差异，因此具体标准应参照购房合同。

Point

02 精装房验收要点

由于精装房自身的特殊性，业主在验房的时候就要关注比毛坯房更多需要注意的地方。比如随着观念的更新，环保已成为现代家居装修中最为关键的环节，而空气污染正是装修污染中最突出的问题，并且是造成多种身心疾病的主因。由于精装房使用的材料都是开发商购买的，业主对材料的质量无法把控，因此，在交房验收时，第一件事就是要确认空气质量是否达标。

在精装房中，品牌含金量较高的器具，如卫生洁具、厨房设备、五金配件以及具备防盗、防火、隔声功能的多功能门等，除了需要了解其品牌外，还需明确设备的型号，有些与产地有关的设备还应该明确产地。这些在验房时都要与配置单一一对照，以免被劣质产品调包，降低了家居装修的档次。

由于精装房中一些工程项目的质量是需要长时间观察的，在竣工验收时不一定能检查出它是否存在问题，而必须通过使用后才能发现，因此精装房在验收时应跟开发商明确保修年限和保修条款。目前国家规定的住宅装修保修期是两年，厨卫防水工程保修期是五年。在居住过程中要注意仔细观察房屋出现的各种质量问题，并及时与开发商或物业沟通协商，尽量在保修期内予以解决。

03 精装房软装设计内容

精装房除了户型的区别，基本上开发商的交付标准都一样，墙面、顶面、地面、厨房和卫浴间都按照同样的标准，一些追求个性的居住者往往会抱怨购买的精装房并不是自己想要的风格。其实对于整体装饰来说，精装房完成的只是硬装部分，只要在交房后对软装进行精心的配置，同样也能完成居室颜值的提升。

◇ 通过后期的软装布置，可以实现居室的换颜

色彩	在各种精装房改造的方式中，最容易的方法就是改变色彩。由于精装房普遍采用大众色彩，因此居住者可以通过色彩的合理搭配来让房间变身。合理巧妙地协调好色彩与家居环境的关系，是搭配出完美空间的基础之一。
灯具	灯具的搭配对于体现空间特点有着至关重要的作用，除了可以满足室内的基本照明外，还能为家居环境营造出富有艺术气息的氛围。随着现代科技的进步，出现了荧光灯、节能灯、LED 灯等新型光源，使灯具设计发生了翻天覆地的变化。
窗帘	窗帘的主要作用是让家居空间与外界隔绝，以保证居室环境的私密性，同时它又是精装房中不可或缺的软装饰品，而且还能起到调和家居氛围的作用。在搭配窗帘时，要以房间的整体风格为基础，为窗帘选择合适的装饰和色调。
家具	家具是指日常生活中具有坐卧、凭倚、贮藏、装饰等功能的生活器具，是维持居家正常生活的重要元素之一。选择家具时，应从家居空间的整体风格出发，以达到和谐统一、相得益彰的搭配效果。

装饰画	精装房中悬挂装饰画不仅填补了墙面的空白，更体现出居住者的艺术品位。选择装饰画的首要原则是要与空间的整体风格相一致；其次，对于不同的空间可以悬挂不同题材的装饰画。此外，还有采光、背景等细节也是搭配装饰画时需要考虑的因素。	
照片墙	照片墙由多个大小不一、错落有序的相框悬挂在墙面上组成。照片墙不仅给人带来了良好的视觉感，同时还让家居空间变得十分温馨且富有生活气息。在设计照片墙前，应先规划好空间，然后根据墙面面积计算出照片的大小和数量。	
地毯	地毯作为软装配饰中的成员，在精装房中扮演着重要角色。在现代家居空间中，地毯的应用十分广泛，在客厅、卧室、书房以及卫浴间都可见其使用。美观实用的地毯能给人带来更为舒适的居住体验。	
抱枕	抱枕是家居生活中的常见用品，其大小一般只有枕头的一半，抱在怀中不仅可以起到保暖和一定的保护作用，而且还能营造出温馨柔和的感觉。随着人们生活品位的不断提高，抱枕已经成为家居空间中极具时尚品位的装饰元素。	
插花	插花设计是精装房软装搭配的点睛之笔，将富有生命力的鲜花融入空间中，往往能让家居环境瞬间生动起来。现代家居的插花设计，不仅注重花材的选择与设计，而且还会结合花器、配饰、道具等元素的搭配运用，让花艺的装饰效果更为强烈。	
装饰镜	装饰镜是家居空间中不可或缺的墙面装饰元素之一。巧妙的搭配装饰镜，不仅能让它发挥出一定的实用功能，而且还可以为空间制造装饰亮点，从而让家居装饰显得更加灵动。	
软装饰品	从装饰形式上来看，软装饰品分为装饰挂件和装饰摆件两大类。装饰挂件是指利用实物及相关材料进行艺术加工和组合，与墙面融为一体的饰物。装饰摆件就是平常用来布置家居的装饰摆设品，是软装设计中最有个性和灵活性的元素。	

◇ 将一盏精美的灯具作为家居的视觉中心，明确主题风格

◇ 软装元素的规格大小及高度决定了空间的整体协调感

04 精装房软装设计要点

精装房的软装搭配首先需要整体设计，它不等于各个功能空间软装配饰的简单相加。软装的每一个区域、每一种饰品都是整体环境的有机组成部分。缺乏整体设计的软装搭配，从单个细节、局部效果看或许是不错的，但整体上往往难以融合。

在精装房的软装搭配中，可以通过制造视觉焦点的手法，来凸显出主次分明的空间美感。家居中的视觉中心，通常是指进门后在视线范围内最引人注目的亮点，可以是一件造型别致、色彩突出的家具，也可以是一盏灯具或一幅挂画，或者是一面有纪念意义的照片墙。视觉中心的确定，不仅能突出家居空间的主题风格，而且更便于掌握软装配饰摆放的位置和搭配的条理性。

摆放空间的大小、高度是确定软装元素规格大小及高度的依据，这一点直接关系到空间感受，因此必须在软装设计中予以重视。一般来说，摆放空间的大小、高度与软装配饰的大小及高度成正比，否则会让人感觉过于拥挤或空旷，不但会破坏空间的整体协调感，还会让软装配饰失去了装点空间的作用。其中家具在室内占地面积通常可达到30%~45%，因此此是软装搭配中最为重要的一个部分。如果是户型面积比较小的精装房，最好不要摆放体积较大的深色家具，以免让空间更显压抑。可以考虑搭配一些浅色或者中性色彩的家具，不仅可以让空间更显明朗大方，而且还能够起到调节家居气氛的作用。

第二节 精装房软装设计流程

精装房的硬装风格往往都是统一的，因此可以通过软装搭配来展现家居空间的个性与品位。在为精装房进行软装搭配时，必须事先做好整体规划，切忌想到什么做什么。如果经验不足，最好能与专业的设计师进行沟通，对需要改装的部分，所需产品的风格、材质、颜色、造型、预算报价等因素进行整体把握，以达到最为合理、高效的搭配效果。

软装配饰所涉及的种类庞大而烦琐，做好方案只是迈出了第一步，只有通过后面的采购和摆场，才能成就一个完美的软装案例。

◇ 软装搭配需要事先做好整体规划

◇ 采购和摆场是软装设计的两大重要环节

01 设计流程

第一次空间测量

进行软装设计的第一步，是对空间的测量。只有对空间的各个部分，进行精确地尺寸测量，并画出平面图，才能进一步展开其他的装修。为了使今后的软装工作更为得心应手，对空间的测量应当尽量保证准确。

与业主进行风格元素探讨

在探讨过程中要尽量多与业主沟通，了解业主喜欢的装修风格，准确把握装修的方向。尤其是涉及家具、布艺、饰品等细节元素的探讨，特别需要与业主进行沟通。这一步骤主要是为了使软装设计流程中的软装配饰的装修效果，既与硬装的装修风格相适应，又能满足业主的特殊需要。

初步构思软装方案

在与业主进行深入沟通交流之后，接下来设计师就要确定室内软装设计初步方案。初步选择合适的软装配饰，如家具、灯饰、挂画、饰品、花艺等。

完成二次空间测量

在软装设计方案初步成型后，就要进行第二次的房屋测量。由于已经基本确定了软装设计方案，第二次要比第一次的测量更加仔细精确。软装设计师应对室内环境和软装设计方案初稿反复考量，反复感受现场的合理性，对细部进行纠正，并全面核实饰品尺寸。

制定软装方案

在业主对软装设计方案达到初步认可的基础上，通过对配饰的调整，明确在本方案中各项软装配饰的价格及组合效果，按照配饰设计流程进行方案制作，制订正式的软装整体配饰设计方案。

讲解软装方案

为业主系统全面地介绍正式的软装设计方案，并在介绍过程中不断整合业主的意见，征求所有家庭成员的意见，以便下一步对方案进行归纳和修改。

调整软装方案

在与业主进行完方案讲解后，深入分析业主对方案的理解，让业主了解软装方案的设计意图，同时，软装设计师也应针对业主反馈的意见对方案进行调整，包括色彩、风格等软装整体配饰中一系列的元素调整与价格调整。

确定软装配饰

一般来说，家具占软装产品比重的60%，布艺类占20%，其余的如装饰画和花艺、摆件以及小饰品等占20%。与业主签订采买合同之前，先与软装配饰厂商核定价格及存货，再与业主确定配饰。

签订软装设计合同

与业主签订合同，尤其是定制家具部分，确定定制的价格和时间。确保厂家制作、发货的时间和到货时间，避免影响室内软装设计的时间。

进场前产品复查

软装设计师要在家具未上漆之前亲自到工厂验货，对材质、工艺进行初步验收和把关。在家具即将出厂或送到现场时，设计师要再次对现场空间进行复尺，已经确定的家具和布艺等尺寸在现场进行核定。

进场时安装摆放

配饰产品到场时，软装设计师应亲自参与摆放，对于软装整体配饰里所有元素的组合摆放要充分考虑到元素之间的关系以及业主生活的习惯。

做好饰后服务

软装配置完成后，应对业主室内的软装整体配饰进行保洁、回访跟踪、保修勘察及送修。

02 方案环节

① 封面设计

封面是一个软装设计方案给甲方的第一印象，因此是非常重要的。封面的内容要标明"某某项目软装设计方案"，整个排版要注重设计主题的营造，封面选择的图片清晰度要高，内容要和主题吻合，让客户从封面中就能感觉到这套方案的大概方向，引起客户的兴趣。

② 目录索引

方案部分的目录索引是每个页面实际要展示内容的概括名，根据逻辑顺序列举清楚，可以简单地配图点缀，面积不要太大。

③ 客户信息

客户信息需要描述清楚业主的家庭成员、工作背景和爱好需求，再通过这些信息了解客户对使用空间的真正设计需求。

④ 表达设计理念

设计理念是贯穿整个软装工程的灵魂，是设计师表达给客户"设计什么"的概念，所以在这页要通过精练的文字表达清楚自己的思想。

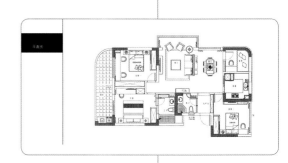

⑤ 风格定位

一般软装的设计风格基本都延续硬装的风格，虽然软装有可能会区别于硬装，但是一个空间不可能完全把两者割裂开来，更好地协调两者才是客户最认可的方式。

⑥ **色彩与材质定位**

　　设计主题定位之后，就要考虑空间色系和材质定位。运用不同色彩给人的不同心理感受进行规划，定位空间材质找到符合其独特气质的调性，用简洁的语言表述出细分后的色彩和材质的格调走向。

⑦ **平面布置图**

　　客户居住空间的平面布置图，图片最好清晰完整，去除多余的辅助线，尽量让画面看起来简洁清爽。

⑧ **软装方案**

　　根据平面图搭配出合适的软装产品，包括家具、灯具、饰品以及地毯等，方案排版需尽量生动，符合风格调性，这样更有说服力。

⑨ **单品明细**

　　将方案中展示出的家具、灯具、饰品等重要软装产品的详细信息罗列出来，包括名称、数量、品牌、尺寸等，图片排列整齐，文字大小统一。

⑩ **结束语**

　　封底是最后的致谢表达，版面应尽量简洁，让人感受到真诚，风格和封面呼应，加深观看者对设计方案的印象。

03 采购环节

软装配饰的种类繁多，为了避免混乱，在采购前应该先根据软装的种类，把所有设计的物品进行分类，然后再按照分类进行采购。正确的采购顺序是先购买家具，再购买灯饰和窗帘、地毯、床品，最后购买装饰画、花艺、摆件和挂件工艺品等。由于家具制作工期较长，布艺、灯具次之，因此按顺序下单后，可以利用等待制作的时间去采购其他配饰。有条不紊地进行采购，能在很大程度上提高家居软装搭配的效率。

家具

在整个软装项目中，花费最高的通常是家具部分，所以采购家具在整个软装设计中也是非常关键的环节。在市场上买到的成品家具适应于大众户型，如果户型结构比较独特，也可以选择定制家具。定制家具不仅能满足不同空间的尺寸需求，而且还能很好地体现出家居设计的个性。

灯具

在选购灯具的时候，应根据个人的实际需求和喜好来进行选择。如果侧重于灯具的实用性，可以选择简约造型的吸顶灯或落地灯；如果侧重灯具的装饰效果，则可以选择造型丰富的吊灯。此外，还要注意其灯光色彩和外表造型以及图案，是否与家居风格相协调。

布艺

窗帘、地毯、抱枕等家居布艺的采购，是整个软装过程中非常重要的部分。布艺的材质种类非常丰富，常见的有棉、麻、混纺、丝绸等，不同材质的布艺搭配能产生完全不同的装饰效果。

软装饰品

为家居空间增添一些软装饰品可以起到点缀和装饰的作用。在采购软装饰品时应从空间需求出发，并遵循家居装饰的美学原则，选择最为恰当的产品。在软装饰品的色彩搭配上，要与居室风格保持协调，不能过于繁杂混乱，以免影响装饰效果。

04 摆场环节

摆场是软装设计的最后一个环节，是指将设计方案用实际物品呈现出来的过程，其顺序有严格的要求，并且事先要做好精心准备。软装物件摆放的位置不同，会产生不一样的装饰效果，因此，合理地布置家具、灯具以及软装饰品等软装元素，对于营造家居氛围有着十分重要的作用。此外，还要处理好软装配饰与空间的关系，以营造最为舒适的家居环境为准则，让配饰与设计在家居空间中得以更好地展现。

◇ 不同的软装配饰摆场形式，可以营造出不一样的空间氛围

◇ 小件的软装饰品摆场应遵循一定的原则，避免显得零散杂乱　　◇ 软装配饰的摆场应注意把握与照明设计的关系

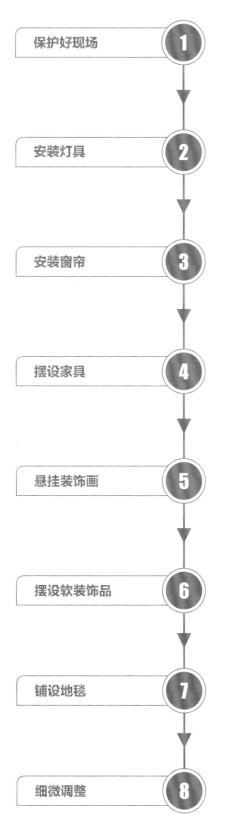

1 保护好现场

到了需要摆放和装饰的场地以后，应在进场前做好保护措施，比如提前准备好手套、鞋套、保护地面的纸皮等。此外，在搬运物品时要格外小心，避免发生磕碰，而且尽量找项目所在地的搬家公司，因为他们对于搬运的专业知识更为丰富，因此不管是工作效率还是对现场的保护都会比较到位。

2 安装灯具

灯具到货后应该先拆开外包装检查外观有无损坏，然后通电检查是否能正常运行，最后再着手安装。安装灯具前，应该规划好灯具安装位置和灯具安装类型并留好电源线。灯具尽可能不要直接安装在吊顶上，如果要安装在吊顶上，应确保吊顶的承重能力。安装完成后，应打开电源检测灯具是否能够正常使用。

3 安装窗帘

窗帘由帘杆、帘体、配件三大部分组成。在装窗帘的时候，要考虑到窗户两侧是否有足够放窗帘的位置，如果窗户旁边有衣柜等大型家具，则不宜安装侧分窗帘。窗帘挂上去后需进行调试，看能否拉合以及高度是否合适。

4 摆设家具

待灯具以及窗帘安装完毕后，就可以进行家具的摆设了。摆设家具时一定要做到一步到位，特别是一些组装家具，过多的拆装会对家具造成一定的损坏。如果房子采光不足，应尽量避免大型家具的使用，同时还要控制好家具的数量，以免让家居空间显得局促拥堵。

5 悬挂装饰画

家具摆好后，就可以确定挂画的准确位置。精装房的装饰画贵精不贵多，而且装饰画悬挂的位置必须适当，可以选择悬挂在墙面较为开阔、引人注目的地方，如沙发后的背景墙以及正对着门的墙面等，切忌在不显眼的角落和阴影处悬挂装饰画。

6 摆设软装饰品

软装饰品不仅能体现主人的品位，而且是营造家居氛围的点睛之笔。软装饰品陈设手法多种多样，常见的有三角形陈设法、对称式陈设法、平行式陈设法、点睛式摆设法等，可以根据精装房的空间格局以及居住者的个人喜好进行搭配设计。

7 铺设地毯

在铺设地毯之前，家居空间内的装饰以及软装摆场必须全部完毕。地毯按铺设面积的不同可以分为全铺与局部铺，如果是大面积全铺，应先将地毯先铺好，然后将保护地毯的纸皮铺到上面，避免弄脏。

8 细微调整

待所有的软装摆场都完成后，还需根据整体软装所呈现出的装饰效果进行细微调整，让精装房的空间布局显得更加合理、细致。如果家具、饰品的摆放角度及位置有更好的选择，可以在不影响整体布局的情况下进行适当调整。

大多数设计风格是由特定的生活方式经过长期的积累和沉淀所造就，还有一些设计风格是由某些或者某个人物所创造或者主导。精装房常见的装饰风格有简约风格、轻奢风格、美式风格、新中式风格、北欧风格、法式风格等。想要成为一名合格的软装设计师，必然需要了解和掌握这些装饰风格的特征以及相应的软装要素，才能设计出完美的软装方案。

「 精装房软装设计手册 」

第二章

常见风格
精装房的软装
要素
解析

第一节 简约风格精装房

 软装要素

简约风格是目前最为常见的家居风格之一，其装饰特色有着浓厚的现代都市感。简约风格家居装饰不仅重视空间设计的功能性和实用性，而且还注重呈现空间结构及装饰元素本身的美感，因此其空间的设计重点是简洁洗练，辞少意多。简约不是简单的摹写，也不是简陋肤浅，而是经过提炼形成的精、约、简、省。造型简洁，反对多余的装饰是简约风格家居最大的特征。

◇ 现代感十足的灯具更多的是强调装饰作用

◇ 简约风格家居经常应用黑白色

◇ 纯色或几何图案的布艺显得简洁明快

◇ 直线条的简单造型家具是简约风格空间的主角

◇ 简约风格家居常用抽象装饰画装饰空间

◇ 白绿色的花艺或纯绿植是简约空间的最佳搭配

02 实例解析

高低组合茶几的别致

+ 软装解析 ----------------------------------

　　在现代简约的客厅里，采用高光烤漆的组合茶几搭配精致典雅的陈设饰品，渲染出了不一样的客厅环境，同时也让茶几的摆设更有灵动性。香槟金色的亮光布料沙发，在大理石地面及深灰色硬包背景的映衬下，营造出了客厅空间的优雅气质。个性突出的装饰画与左右对称的落地灯组合，活跃了整个客厅的气氛与现代气质。

+ 设计课堂 ----------------------------------

　　高光烤漆的家具多半用于现代简约风格中，茶几采用组合的方式增加了空间的灵动性，纯色高光烤漆的家具，需要有自然纹理的背景进行衬托。

艺术品营造空间文化气息

+ 软装解析 ----------------------------------

　　在对比鲜明的书房空间里，自然纹理清晰的大理石铺贴，搭配深色不规则的格子书架作为视觉延伸，在艺术造型吊灯的衬托下，营造出了空间的现代时尚感。书架暗藏的柔和灯光很好地融合了台灯功能的需求。飘窗通过改造成为休闲空间，在增加书房空间功能的同时，也拓展了书房空间的视野，加以艺术雕塑品以及装饰挂画的点缀，彰显了现代空间的文化气息。

+ 设计课堂 ----------------------------------

　　不规则的书架与造型独特的装饰雕塑以及吊灯结合，能突出现代风格的主题与活力。在颜色搭配上应注意深浅的对比，让空间更有层次。

镜面拓展客厅空间视野

+ 软装解析 ----------------------------------

　　客厅以灰色调为主体，加以部分艳丽色彩进行点缀，让空间更有层次感。在散发着浓厚现代气息的客厅空间里，采光十分充足，无吊灯的设计，更是凸显空间的高旷感。横竖相结合的木饰面软包背景墙，搭配倾泻而落的窗帘，加以灰镜呼应客厅茶几的点缀，让人感受到一股现代都市的时尚潮流。一抹黄色更呈现了现代风格的气质与魅力。

+ 设计课堂 ----------------------------------

　　灰镜在简约风格空间中运用较多，往往体现出了现代空间的装饰质感，并让空间更具延伸感。灰镜需要结合光线进行位置设定，再加以部分家具或者墙面装饰的呼应，能达到更好的光照效果。

前后背景装饰画的有机对话

+ 软装解析 ------------------------

    在现代简约的卧室里，不设吊灯的设计让卧室空间更显简洁、雅致。前后背景装饰画的装点，结合淡雅的蓝色床品，在灯光的渲染下，增加了卧室空间的温馨气氛。浅色床旗的点缀与电视柜相呼应，拉伸了空间的视觉感。优雅的蓝色床品搭配跳色腰枕，彰显了空间的浪漫品质。

+ 设计课堂 ------------------------

    雅致的卧室空间里，装饰画的点缀尤为重要，能凸显空间气质和品位。装饰画的组合方式各式各样，然而在现代简约空间里，需要运用紧扣风格主题的画面，且可以通过画幅的大小组合，让空间形成有机的对话。

+ 维塔设计

黑白灰画面下的书房

+ 软装解析 ------------------------

    黑白灰画面下的书房，略显几分肃静。黑色的书柜边框包裹着白色斜面的格子书柜，增加了空间的线条感，并且充分满足了空间的储藏功能。大圆弧的白色书桌，搭配深色装饰画，让空间形成了鲜明的色彩对比，在灯光的衬托下，显得干净整洁，并且增加了书房的趣味性与装饰性。

+ 设计课堂 ------------------------

    白色弧形家具结合深色地面的衬托，凸显出了现代风格的造型之美。结合书柜以及饰品进行呼应，让整体空间对比度增加，并且突出了空间的层次与线条。

+ 池陟设计

第二节 **轻奢风格精装房**

 软装要素

　　所谓轻奢风格，实际上是以极致简约风格为基础，摒弃一些如欧式、法式等风格的复杂元素，再通过轻奢华新时尚的设计理念，表达出现代人对于高品质生活的追求。轻奢风格虽然注重简洁的家居软装设计，但也并不像简约风格那样随意，在看似简洁朴素的外表之下，折射出一种隐藏的贵族气质。

+ 印象空间设计

◇ 金属或水晶材质的软装饰品提升空间的格调

+ 星翰设计

◇ 皮质家具更能强调轻奢风格家居尊贵优雅的气质

◇ 金属细框装饰画能够跟空间其他金属装饰相得益彰

◇ 绚丽多姿的水晶灯是轻奢风格家居常用的灯饰之一

◇ 金属元素的家具营造出精致华丽的视觉效果

◇ 金属色是表现轻奢气质的最佳色彩

02 实例解析

+ 印象空间设计

惬意

+ **软装解析** ————————————

　　采用柔软饱满的奶白色立体感软包作为背景，和床靠一起营造出一个浪漫的卧室空间。独特的横向纹理木头贴面，呈现出高档的质感。局部的橙黄色装饰作为点缀色出现，缓和了卧室棕色调的古旧感。

+ **设计课堂** ————————————

　　棕色、白色、黑色与橙色不同占比的运用，契合了大众认可的流行。并且表现出了一种通俗化的色彩搭配趋势。

薰衣草之雾

+ **软装解析** ————————————

　　浅浅的奶咖色如卡布奇诺一般丝滑诱人，搭配柔和细腻的薰衣草紫色，使得卧室有种如法国老电影《恋恋巴黎》般的清新浪漫。奶白色的家具、黄铜金色的线条、曼妙的几何元素，加上妙不可言的光感，就连最平凡的事物，也都氤氲在柔美的色彩中。

+ **设计课堂** ————————————

　　紫色体现着人们对于优雅浪漫生活的追求。雅致的配饰，不仅舒适，还洋溢着浓郁的文化气息，让整体空间看起来温暖又温馨。

+ 近逸设计

星月夜

+ **软装解析** ————————————

　　本案以白色与米灰色的背景色调，打造出带有几何美感的环境。以棕色和暖灰色作为主体用色，令空间的大关系呈现出稳定的一面。点缀色上采用靛蓝色与鹅黄色的低饱和度补色对比，将时尚的雅奢气质传递了出来。

+ **设计课堂** ————————————

　　卧室光线宜柔和温暖，且卧室不宜出现过多高反射的物品。明亮的软光能柔和地勾勒事物的轮廓，在柔和光线的照射下，能让人产生欢喜与宁静的感觉。

+ 近逸设计

+ 天森设计

古典与现代的融和

+ 软装解析 ------------------------------

金色总是带着古典的韵味，利落的线条又能体现现代审美里的优雅与大气。一个空间里同时具有古典和现代两副面孔，得益于简约的白色沙发和蓝色绒面沙发所呈现的质感。普鲁士蓝的发现在西方美术史上堪称一个蓝色颜料的革命，它沉稳高贵，在空间中呈现出惊鸿一瞥的风姿。其余的家具则以点缀黄铜肌理来处理，似乎还能看见美杜莎的面孔，典雅而大方。

+ 设计课堂 ------------------------------

当代美学融和古典细节，设计作为生活的艺术呈现，需要从多重角度去完善设计作品。从古典到现代，从情感需求到精神需求，全面地塑造空间所表达的诉求。

琴瑟静好

+ 软装解析 ------------------------------

两个与室外紧密相连的空间中，通过家具、落地窗、地面材料、陈列品，甚至光线的变化，明确地表达出了不同空间功能的划分。而这种空间划分，又能随着不同的时间段，体现出软装设计的灵活性、兼容性和流动性。白金色与黑白色搭配经典永恒，简洁明快，时尚大方。本案的整体环境干脆利落，悠闲舒适。

+ 设计课堂 ------------------------------

黑色与白色是极简主义的常用色，而金色又营造出了优雅与奢华的调性。不同材质的黑色跳跃在金属、面料、合金等不同地方，多种色带的处理方式，打造出了一个符合现代人居住的高品质住宅。

避暑住宅

+ 软装解析 ------------------------------

一个严格对称的空间或许会太过板正，因此墙上挂饰的选择就显得尤其重要。家居空间讲究纯净优雅，家具线条更宜简约而细微。挂饰的形式则严谨兼具自由，明亮大胆，丰厚却又纯净。结合精致的墙板和金属收口线条，使空间更具有艺术性。

+ 设计课堂 ------------------------------

金属和镜面向来是两种易于搭配的元素，但镜面元素要注重灵活多变，每个空间都是一个整体，好的装饰画或镜子都能呈现艺术气质，但要注意主体与客体之间的层次搭配。

+ 印象空间设计

第三节 美式风格精装房

01 软装要素

　　美国人崇尚自由，追求随性、无拘无束的生活方式。而且美国文化强调个人价值、追求民主自由、崇尚开拓和竞争，因此，在家居装饰设计上讲求随性、理性和实用性，不会出现太多造作的修饰与约束，其空间弥漫着一种闲适的浪漫风情。同时又不乏自然、怀旧、贵气的空间特点。因此，美式风格的家居设计特点，体现出了文化和历史的包容性以及对空间设计的深度享受。

◇ 棉麻布艺诠释美式乡村风格的舒适质感

◇ 富有历史感的做旧软装饰品是装点美式家居必不可少的元素

◇ 大地色的应用给人以自由随意、简洁怀旧的感受

◇ 铜灯与铁艺灯是美式风格家居最常见的灯具

◇ 棕色或黑白色实木框的装饰画表现出复古自然的格调

◇ 厚重实木家具注重舒适性与实用性

+ 壹阁设计

+ 张慧设计

野外的田园世界

+ 软装解析 --------------------------------

　　在温暖的午后阳光中，舒适的米黄色棉麻沙发，成为空间的主角。灰蓝色的单人沙发，以及三人沙发形成了色彩上的对比，一冷一暖，效果突出。黑胡桃色油漆茶几、边几，与沙发形成一硬一软的视觉效果，搭配和谐美观。铁艺的圆形吊灯与金属质感的台灯遥相呼应，自然而复古。明亮的湖蓝色飘窗窗帘，其高饱和度，凸显了窗帘色彩在空间中的重要性。屋内公羊、麋鹿摆件相互呼应，并成为空间设计的主题。

+ 设计课堂 --------------------------------

　　具有飘窗的室内空间，为了增大视觉通透感，窗帘一般设计在飘窗内部，可以采用双层窗帘，即纱帘和布帘各一层的形式。布帘搭配背衬衬布，其整体效果会更为挺括优雅。

温馨的现代美式客厅

+ 软装解析 --------------------------------

　　现代的美式客厅，用文化石铺贴的墙面造型，粗犷而自然，并与温暖的米黄色壁纸形成了材质上的对比。皮革质感搭配条纹布艺坐垫的主体沙发，以其质朴大方的造型成为空间的主体家具。高靠背的红色皮质翼状椅，以其鲜艳的颜色、造型，成为视觉焦点。远处的散尾葵，为空间增添了一抹绿色，并与大面积的红色单人沙发形成色彩的对比，因此平衡了美式空间中大面积红色带来的视觉突兀感。

+ 设计课堂 --------------------------------

　　翼状椅，其靠背与扶手连为一体，是安妮女王家具中最有代表性的安乐椅。整体浑厚，靠背高耸挺拔。

+ 清羽设计

具有田园气息的美式客厅

+ 软装解析 --------------------------------

　　具有田园气息的美式客厅，粗犷的石材墙面搭配胡桃色的实木书柜，在薄荷绿色的墙面衬托下，更显其古朴自然。客厅左侧摆放的花鸟陶瓷墩，在视觉上具有穿透力，同时，又为空间创造出了田园的意境。各式的陶瓷饰品，丰富空间的同时还可以作为花器，创造出有花有鸟的田园世界。

+ 设计课堂 --------------------------------

　　粗犷的石材拼贴背景墙，以其独特的材质肌理，成为空间中的视觉焦点。其材料的选用，传达出了美式田园风格自然、豪迈的本色特征。

+ 裕祯设计

+ 易和设计

小清新的美式田园客厅

+ 软装解析 ------------------------------

　　小清新的美式田园客厅，既有现代家居简洁的一面，又创造出了别样的鸟语花香。精致的陶瓷墩、印花纯棉质感的靠包和桌旗、经典的手绘花鸟挂盘，在同一空间中呼应了主题。双色的梳背温莎餐椅成为最显眼的美式家具符号，并在色彩上与餐桌桌布及挂盘色彩搭配和谐。黑白的建筑装饰画，也是现代美式空间中重要的装饰元素。

+ 设计课堂 ------------------------------

　　温莎椅最早兴起于17世纪后期英国温莎地区。伦敦的市民将这种从西部温莎地区带来的简朴椅子称为"温莎来的便宜椅子"，简称为温莎椅。温莎椅根据结构形式，分为梳背温莎椅、弓背温莎椅和板条温莎椅。本案中使用的是梳背温莎椅。

新古典气息的美式客厅

+ 软装解析 ------------------------------

　　耀眼的爱马仕橘当仁不让地成为空间的焦点色彩。新古典美式客厅的马术主题，因其色彩和挂画而被凸出。斑马纹的单椅，无处不在的骏马油画，用最形象的语言述说着马术主题的客厅需如何创造。平贴镜面材质的电视柜，现代而时尚，在整体的家具运用中，古典与时尚并存，充满着新古典的气息。

+ 设计课堂 ------------------------------

　　爱马仕橘是新古典风格中最为常用的色彩，其高饱和度的色相最易成为空间中的点缀色。英姿飒爽的骏马图，无论是油画、实物装饰画、黑白摄影作品等，都是非常适用的装饰元素。

温暖的现代美式空间

+ 软装解析 ------------------------------

　　白色的背景墙搭配红胡桃色的实木主体家具，在色彩上形成深浅对比，凸显现代美式空间的简洁大气。拱形的实木落地玻璃门搭配装饰效果极佳的窗帘。精致的五金壁钩呼应了拱顶造型，成为书房的视觉焦点。橘红色的帘头搭配海蓝色的窄边，在色彩上形成了冷暖对比。具有几何造型的编织块毯，既呼应空间中的点缀色彩，又利用造型打破单调的视觉感受。

+ 设计课堂 ------------------------------

　　红胡桃色系的美式空间，加入橘红色作为点缀色，创造出了更为温暖的感受。大面积的暖色环境中，按5%~10%的比例加入对比色，可以有效调节整体空间的视觉疲劳。加入对比色的地方可选取挂画、地毯、窗帘包边、靠包及书柜饰品等作为点缀。

+ 曾晟设计

第四节 北欧风格精装房

Point

01 软装要素

　　北欧风格的空间里不会有过多的修饰，有的只是干净的墙壁，简单的家具，再结合粗犷线条的地板，简简单单地就营造出一个干净并且充满个性的家居空间。在处理空间方面一般强调室内空间宽敞、内外通透，最大限度地引入自然光，并且在空间设计中追求流畅感，顶面、墙面、地面均以简洁的造型、纯洁的质地、细致的工艺为主要特征。在软装搭配上，北欧风格对传统手工艺和天然材料都有着尊重与偏爱，而且在形式上更为柔和与自然，有着浓郁的人情味。

◇ 照片墙为北欧风格家居环境注入更多的生活气息

◇ 麋鹿头挂件是北欧风格家居中常见的墙面装饰

◇ 米白色搭配原木色是北欧风格家居常用的色彩搭配方案

◇ 简洁几何线条的家具注重艺术性与实用性的结合

◇ 北欧风格的花器基本上以玻璃和陶瓷材质为主

◇ 简单图案和线条感强的地毯给人清新雅致的感觉

+ 尚舍设计

竹木物语

+ 软装解析 ----------------------------------

空间看似简约，却极为注重自然的光、植物以及机能的完美结合。极具质感的线条和自然竹木的材质，构成透光的隔断，并呼应了吧台细节。纯天然白色石材巧妙地和竹木隔断结合，为客厅的一隅增加了休闲的体验。采用块面简洁的白色椅子，避免了烦琐的设计。黄色家居单品诙谐幽默，为空间增加了趣味性。

+ 设计课堂 ----------------------------------

充满自然气息的原木材质虽有很强的素朴感和舒适度，但缺少了点家的感觉，若能适当融入一些植物和白色的单品，空间会变得更加清爽和宜居。

北欧风情

+ 软装解析 ----------------------------------

灰色的墙面配以浅色的原木地板，柔和而舒适。孔雀蓝色的墙面搭配棕色的木作家具，加强了空间对比。强烈的对比打破了安静柔和的氛围，并带来了强烈的视觉冲击。采用黑色的铁艺装饰架和黑色的椅子，缓和了空间里的冲突。人物为主题的抽象装饰画、热闹的暖黄色系，为家居环境增加了快乐表情。镜面映衬绿色植物的造景，为空间巧妙地增添了生机。

+ 设计课堂 ----------------------------------

镜子会反光，在家中不宜过多地使用，但是如果能恰到好处地摆放，不仅可以满足功能需求，也可以增加空间的通透感，达到映衬美好事物的效果。

北欧清新之梦

+ 软装解析 --

　　美有千万种的定义，本案的美在于色调的完美衔接。素雅的白色调，烘托出了清新的气氛。原木色的地板与黑色吊灯的搭配手法，令空间的视觉感进退有度。酒红色、亮黄色以及绿豆灰色单椅的撞色，为空间带入了跳跃与活力的情绪。空间以及家具简单的线条造型，都有着去繁从简但又不失大方雅观的气质。

+ 设计课堂 --

　　北欧风格明朗干净，家居色彩多以白色、米色、浅木色为主。此外还崇尚材质的自然、质朴，并且强调线条的简洁，因此常常会去除多余的造型修饰。

自然素雅

+ 软装解析 --

　　原木色以及黑白灰的搭配，可以说是北欧风格最基础，也是最经典的色彩搭配了。素雅之间流露着简单自然，优雅之外又兼具时尚与高端。以木作装饰墙面，搭配原木色地板展现出了安宁和质感。黑色的三人沙发、灰色的茶几拉开了空间的层次。黑白色条纹地毯贯穿了纯色的空间，从而增加了空间的律动感。墙面牛头壁灯的装饰，显得俏皮可爱。

+ 设计课堂 --

　　小空间应尽量避免琐碎的分隔，适度的打开，以及保持通透性会更加舒适。将电视背景墙设计成矮墙，不仅有效地将客厅和餐厅区域进行了划分，而且很好地增加了空间的层次感和互动性。

趣味色彩空间

+ 软装解析 --

　　白色的墙面和顶面，配以白色的家具和床品，构成了一个无色的纯净空间。擅用浅色自然系的木纹，能够增加空间的舒适感和温馨感，并能体现北欧风格注重自然的特色。阳光透过白色百叶窗洋洋洒洒地为空间施以温柔。自然原木衬托白色背景，明亮的鲜果绿色搭配柠檬黄色，快乐而丰富。缤纷的漫画图案增加了空间的趣味性，幽默且诙谐。

+ 设计课堂 --

　　白色属于中性色或者是无色颜色，可以和任何冷暖色搭配。大面积的白色给人一种轻快明亮的感觉，对比度越低，空间的舒适柔软度则会越高，反之亦然。

第五节 **法式风格精装房**

Point

01 **软装要素**

　　法国是浪漫时尚的国度，同时也是欧洲的艺术圣地，其装饰风格基于对理想情境的考虑，注重体现空间的优雅、高贵和浪漫，力求在气质上给人以深度的感染。法式风格注重细节处理，常运用法式廊柱、雕花与线条，呈现出浪漫典雅的风格。装饰题材多以自然植物为主，使用变化丰富的卷草纹样、蚌壳般的曲线、舒卷缠绕着的蔷薇和弯曲的棕榈。室内色彩娇艳，偏爱金色、粉红色、粉绿色、嫩黄色等颜色，并用白色调和。

◇ 厚重金属边框的油画是法式风格墙面的经典装饰

◇ 金色的应用表现出法式风格的富丽堂皇

◇ 描金雕花家具最能体现法式风格家居的精致感

◇ 丝绒、丝绸等面料的布艺营造典雅浪漫的视觉感

◇ 璀璨耀眼的水晶吊灯凸显雍容的贵族气质

◇ 雕花精美的金色边框的装饰镜是法式家居中点睛的软装元素

02 实例解析

+ 纳沃佩顿艺术设计

床边浪漫的东方情怀

+ 软装解析 --

　　气质优雅的床具,线条分明,亭亭玉立。雪白无瑕的床品和窗帘,圣洁而纯净,优美的线条与金色结合,高贵感溢于言表。来自东方的神秘花卉壁纸,传递着吉祥与平安,并带来了生活赋予的无限乐趣。

+ 设计课堂 --

　　法式的浪漫情怀,在诸多细节中表现得尤为出彩,尤其善于与东方元素的情景交融。床头的喜上眉梢壁纸与角落的青花瓷罐,把中式的高尚格调体现得淋漓尽致。

黑色与金色的神秘组合

+ 软装解析 --

　　此刻的床头拥有一种无比的吸引力,那神秘深邃的色调,在金色的氛围下,格外醒目华丽。四联屏的设计为空间带来了神秘的东方色彩。靠包和床品则很好地呼应了空间的色调,形成了既醒目又大气统一的设计感觉。

+ 设计课堂 --

　　黑色和金色作为明度最低和最高的两大色调,组合在一起自然会醒目突出,但是要控制好相应的比例,真丝与东方烫金工艺元素的引入,则让东西方的华贵合二为一,装饰感无与伦比。

+ 中合深方设计

精美雅舍气质不凡

+ 软装解析 --

　　整个空间精致大气的格调,以及形式简洁的家具,搭配金属形式的茶几,摒弃了传统法式烦琐的造型,打造出了一个简洁不失大气的典雅空间。墙面装饰画的题材增添了几分贵族般的气势。

+ 设计课堂 --

　　当一件家具显得厚重时,不妨试试分体的设计方式,让家具透气,这是一种修剪的美。橙色与蓝色的撞色组合,使空间的色调格外醒目,带来了清新自然的生活气息。

转角邂逅新古典

　　大宅的风范自然是豪气云天，就连楼梯间的设计也极富魅力。二层之间的楼梯转角，刚好安排出一个合适的起居空间，随时随地，欢聚一堂。淡淡粉蓝的色调，透露出一丝洛可可的优雅气质，新古典风格的家具整齐地排列组合，充满了仪式感。

+ 设计课堂 --------------------------------------

　　罗马柱早期是具有承重作用的，随着罗马券式结构的盛行，装饰意义渐渐取代了结构意义，亦变为了半柱。蓝色的阶梯结构搭配，深浅得当。大而浊、小而纯是其不变的法则。

古韵贯今的浴室空间

+ 软装解析 --------------------------------------

　　大理石的天然纹理，很好地体现了浴室中水文化的主题。别具一格的浴室柜和镜子，充满了设计的趣味性。玻璃隔断实现了干湿分离，既阻隔了空间又不遮挡视线。浴缸区成为空间里的核心区域，洁白无瑕的浴缸散发着诱人的光泽，与充满古韵的屏风相映生辉。

+ 设计课堂 --------------------------------------

　　墙地面大理石的铺贴简洁大方，体现出了现代感的格调，同时搭配了优雅造型的家具以及屏风，给现代格调中添加了法式的韵味。两者的融合，表现出了悠然自得的生活状态。

来自东方的尊贵问候

+ 软装解析 --------------------------------------

　　贴着银箔的床头，有着优美而华丽的曲线，简约的雕刻把皇家的尊贵体现无遗。床头柜像卫兵般地伫立于床的两侧，守护着主人的沉静。尽显东方神韵的台灯大而贵气，色彩与床头帷幔呼应得当。作为东方尊贵的象征，孔雀挂画则带来了来自东方的尊贵问候。

+ 设计课堂 --------------------------------------

　　床头帷幔的设计，把墙面坚硬的感觉调节得更为柔软。布艺材料柔和的特点，营造出了如水般的流线之美。法式风格不可或缺的是来自中式的元素搭配，尊贵的孔雀元素也昭示了主人的情感诉求。

第六节 **新中式风格精装房**

01 **软装要素**

　　新中式风格把传统中式风格中符合现代人居住生活特点的古典风范，与现代家居装饰的美学理念完美地结合在了一起，以现代人的审美和生活需求来打造富有传统韵味及现代时尚的空间。新中式风格常常会选择一些富有传统美感的元素作为家居装饰。不仅是出于对传统艺术的尊崇，更重要的是让经典的中式美学元素在家居空间得到传承。

◇ 利用留白艺术渲染新中式家居的唯美意境

◇ 花鸟图案元素提升中式家居环境的鲜活气氛

◇ 仿明清家具让古典中式韵味在家居空间中得以传承

◇ 中式屏风赋予家居空间古典高雅的美学内涵

◇ 茶文化摆件为中式风格家居增添雅致的文人气息

◇ 质感温润的陶瓷台灯美观与收藏价值并存

清木禅香山里红

+ 软装解析 --------------------------------

　　挑高客厅的空间感较好，整体以黑白灰为打底色，木色则作为衔接穿插其间，为空间营造出了柔和的氛围。饱和度较低的赫红色则作为点缀色出现，使空间多了几分活力与生机。对拼的灰色石材作为主背景形成了一座大山的即视感，旁边则为了应景同时采用了一幅山水概念图。粗犷的原木色口套以及实木竖格栅，有序的排列使空间呈现出静谧的东方气质。

+ 设计课堂 --------------------------------

　　在硬装设计中，有效的利用和规划可以避免画面的凌乱感。硕大的流苏大吊灯降低了空间的视觉高度，避免了过高的房高所带来的空旷感。茶几上的蝴蝶兰则生机勃勃，近处的鸟形器皿也很是配景。白墙上的装饰壁挂或云或叶亦是增加了空间的绵延之意。

厚德载物书香门第

+ 软装解析 --------------------------------

　　厚德方能载物，中国儒家思想所讲仁、义、礼、智、信的君子之道，对华夏文明影响颇深。书房作为读书学习的场所，适合的环境氛围可以使人的学习状态得到提升。超高的落地书架给人以极强的视觉冲击感，红色的书架背景喜庆吉祥，富有传统特色。墙面的百鸟图壁画气势恢宏，衬托了空间的格调，极似古代宫灯款式的落地灯，使空间多了几分柔美。

+ 设计课堂 --------------------------------

　　进行家居设计的时候，可以借鉴传统同样也可以创新传统，异质类的设计往往可以让人耳目一新。比如古代的圈椅用当代的不锈钢或者亚克力来表现，将是另外一种全新的体验。在这里设计师用粗糙的钢筋焊接而成的书桌，给空间带来自然古朴的美感，同时造价也不会很高。

远山天涯近水楼台

+ 软装解析 --------------------------------

在文人的世界中书房的意义非凡，古人曾言书中自有黄金屋，书中自有颜如玉。本案采用了大面积胡桃木色落地书架作为墙面的装饰，其中精心挑选的艺术品与书籍有序摆放，形成了各个丰富多彩的小空间。书桌上的笔墨纸砚置于案前，好像亭台楼阁般富有诗意。新中式的吊灯在照亮桌案的同时，自身的山形简笔画为空间增加了深远的意境。

+ 设计课堂 --------------------------------

在室内设计配色体系中，为了便于学习以及找到规律，可以将色彩分成三个类别：主题色、背景色、点缀色。本案采用了大量的胡桃木色和黑色作为主题色，使空间体现出沉稳大气的格调。而米灰色和房顶的白色则是空间的背景色，从而保证了空间不至于显得过于沉闷。红色则是整个空间色彩的调剂色，表现在书架的背景陈设以及窗帘的装饰边，从而使空间色彩瞬间活跃了起来。

+ 添洁设计

水墨东方禅意古韵

+ 软装解析 --------------------------------

胡桃木色的背景中间一幅淡墨山水给人留下了出尘的气息。圆形的餐桌大理石腿部采用了水滴花瓶的形状，与餐桌上的花器一气呵成地连在一起，仿佛一座艺术雕塑。花器中的绿色枝叶生机勃勃，与背景山水相映流露出古朴的禅意。红色的餐椅选用简化了的圈椅款新中式椅，丰富了色彩并使空间色彩活跃起来。金边的莲花水晶吊灯熠熠生辉，丰富了空间的质感。

+ 设计课堂 --------------------------------

在禅意空间的设计中，自然元素的表现尤为重要。比如插花的种类多是表达残缺美感或者乡野小景，触动内心深处。适当的空间留白同样可以升华空间的艺术氛围。在中国画中留白的运用同样也是非常多见，素有笔未到意先行之美誉。

+ 纳沃设计

+ 徐树仁设计

山水清茶道法自然

+ 软装解析 --------------------

仁者乐山，智者乐水。一杯清茶既是修行，亦是人生。这是一间富有东方气韵的茶室空间，淡墨山水围合的背景屏风，画面自然，富有留白意境之美。浅木色的博古架上精心地摆放了书籍与装饰品，在暗藏灯光的映衬下，将自身的轮廓显现了出来。案桌之上桌布缓缓铺开犹如一幅古画卷轴，茶杯有序摆放与上方圆柱吊灯对映成趣，一大一小两把茶壶，在不同高度的底座上摆放形成对比，仿佛大自然中的山川。

+ 设计课堂 --------------------

在本场景中通过大量暗藏光源的应用，营造出舒适的氛围与环境。背景中的山水壁画通过纵向暗藏光源的照亮，使画面柔和呈现、意境幽远，正前方的三盏洗墙射灯，将画面留白部分柔和照亮。书架背后的光源，则很好地将陈设品轮廓显现了出来，使其中的艺术品能充分展示自身的特点。茶桌上的圆柱射灯光源深藏，均匀照亮桌面的同时又不会产生炫光。

+ DY空间设计

开门见山及禅意表达

+ 软装解析 --------------------

在当代新中式大宅的玄关处，设立半透夹丝玻璃山水图案的屏风，为入户空间营造出了诗意的氛围。大门把手采用了精致雕刻的复古铜质材质，彰显出了贵气与高端的品质。泼墨写意的地毯渲染出浓浓的东方文人气质，以笔未到、意先行为场景增加了空间的禅意。玄关正中的端景柜采用了简洁且中庸的款式，显得低调、优雅。端景柜上的枯山水盆景摆件，打破了画面对称的秩序，并传达出了淡淡的禅意。

+ 设计课堂 --------------------

新中式设计常采用中轴线对称的手法来营造端庄高贵的格调，当然同中求异，利用一些小小的景观变化打破沉闷，给人带来不一样的体验与场景感受。

色彩的合理搭配，能够创造出富有意境和个性化的环境，能够给人视觉上的享受，使人保持愉快的心情。精装房的墙、顶、地等界面在交付时都已经固定，相比顶面和地面，墙面占有最大的面积，是最容易形成视觉中心的部分，而且改造难度更小。所以除了软装配饰的色彩之外，墙面色彩搭配是精装房设计的一个重点。在对空间进行色彩搭配时，要掌握色彩设计的基本原则，把居住者对学习、生活和休息的需求放在首要位置进行考虑。

第三章

精装房
色彩搭配
美学

第一节 色彩设计基础与应用

01 掌握色彩的基础知识

想要运用色彩对家居空间进行装饰，需要学习色彩的特征。除了色彩的类别之外，掌握纯度、明度、色调、冷暖感以及配色比例等色彩知识在家居设计中起着至关重要的作用。

色彩纯度是指色彩的鲜浊程度。通常纯度越高，色彩越鲜艳。随着纯度的降低，色彩就会变得暗淡。纯度降到最低就变为无彩色，也就是黑色、白色和灰色。

色彩明度是指色彩的亮度或明度。颜色有深浅、明暗的变化。例如深黄、中黄、淡黄、柠檬黄等黄颜色在明度上就不一样。

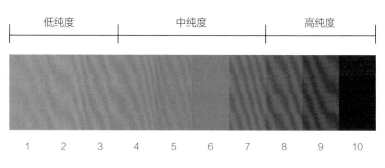

◇ 低纯度的色彩显得暗淡，高纯度的色彩显得鲜艳

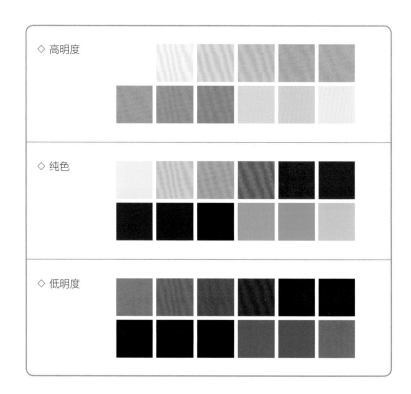

色调是指色彩的浓淡、强弱程度，是影响配色效果的首要因素。色彩的印象和感觉很多情况下都是由色调决定的。日本色彩研究所研制的色彩搭配体系（PCCS）将各色相分为12种色调。

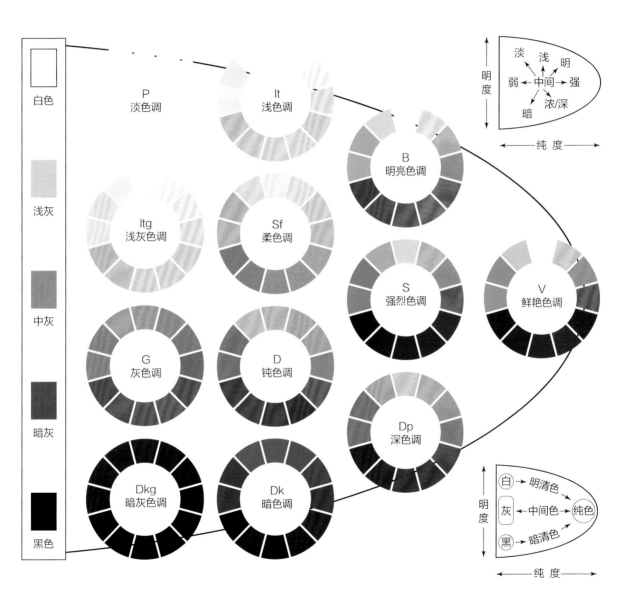

◇ 色调氛围图

色彩的冷暖感主要是色彩对视觉的作用而使人体所产生的一种主观感受。红色、黄色、橙色以及倾向于这些颜色的色彩能够给人温暖的感觉，通常看到暖色就会联想到灯光、太阳光、荧光等，所以称这类颜色为暖色；蓝色、蓝绿色、蓝紫色会让人联想到天空、海洋、冰雪、月光等，使人感到冰凉，因此称这类颜色为冷色。

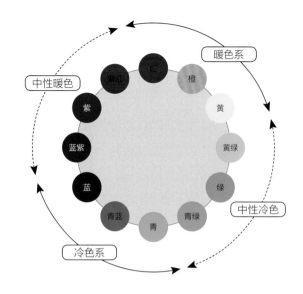

冷色系软装元素

暖色系软装元素

◇ 冷色系的应用给人以清凉感

◇ 暖色系的应用给人以温暖感

在家居空间中，色彩的黄金比例为 70 : 25 : 5，其中 70% 为基础色，包括基本墙面、地面、顶面的颜色；25% 为主体色，包括家具、布艺等颜色；5% 为点缀色，包括插花、抱枕等小物件的颜色等。这种搭配比例可以使家中的色彩丰富，但又不显得杂乱，主次分明，主题突出。

基础色　　　　　点缀色　　　主体色

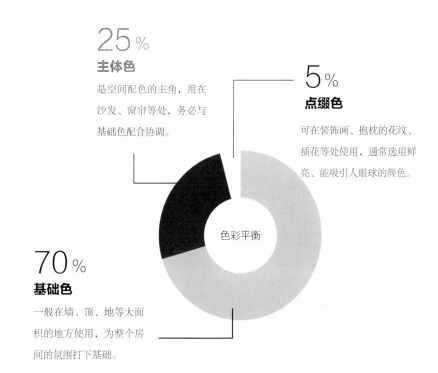

25%
主体色
是空间配色的主角，用在沙发、窗帘等处，务必与基础色配合协调。

5%
点缀色
可在装饰画、抱枕的花纹、插花等处使用，通常选用鲜亮、能吸引人眼球的颜色。

色彩平衡

70%
基础色
一般在墙、顶、地等大面积的地方使用，为整个房间的氛围打下基础。

02 精装房经典配色方案

无论根据怎样的喜好、理念、氛围将各种色彩组合在一起，和谐始终是关键。精装房软装设计中常用的配色方案有单色配色方案、跳色配色方案、邻近色配色方案、对比色配色方案、互补色配色方案等。这些配色方式是经前人不断实践总结所得出的，符合大多数人的色彩心理需求。

单色搭配

单色搭配是指不同纯度和明度的同一色彩组合，例如墨绿配浅绿、深红配浅红等，这种色彩搭配极有顺序感和韵律感。在室内装饰中，运用单色做搭配是较为常见、最为简便并易于掌握的配色方法。

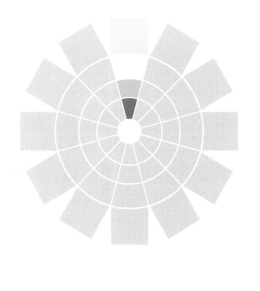

跳色搭配

跳色搭配是指在色轮中相隔一个颜色的两个颜色相结合组成的配色方案。相比单色配色方案，跳色更显活泼。如果想营造一个色彩简单但氛围活泼的空间，跳色方案是一个很好的选择。

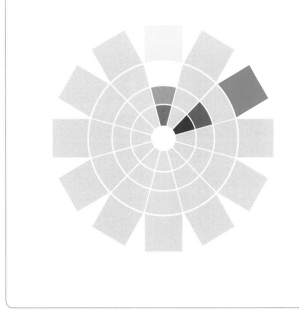

邻近色是指色相环中三个或更多并肩相连的色彩构建而成的色彩。如黄色、黄绿色和绿色，虽然它们在色相上有很大差别，但在视觉上却比较接近。搭配时通常以一种颜色为主，另一种颜色为辅。

互补色是指处于色相环直径两端的一组颜色组成的配色方案，例如红色和绿色、蓝色和橙色、黄色和紫色等。互补色比对比色的视觉效果更加强烈和刺激，容易形成色彩张力，吸引人的注意力。

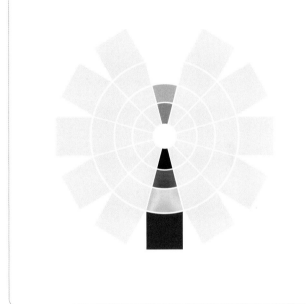

对比色搭配

对比色是两种可以明显区分的色彩，在24色相环上相距120°到180°之间（右图为相距120°的示意图）。三个基础色互为对比色，如红色与蓝色、红色与黄色、蓝色与黄色；三个二次色互为对比色，如紫色与橙色、橙色与绿色、绿色与紫色。对比配色的实质就是冷色与暖色的对比，在同一空间，对比色能制造富有视觉冲击力的效果，让房间个性更明朗，但不宜大面积同时使用。

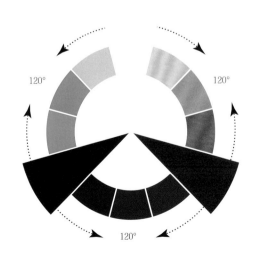

03 精装房墙面配色重点

精装房墙面的色彩能影响整体的氛围，浅色的墙面让房间有开阔感，显得清爽。深色的墙面让房间有紧凑感，更亲切。有时可以利用色彩的特性，如用同样明度的不同颜色，从视觉上把一个大区域分成两个或更多独立的空间，为每个空间制定不同的色彩主题。这样不需要隔断，就能分隔出不同的空间。

选择墙面颜色还需要考虑室内灯光的影响，对于一个采光十分理想的空间，选择范围比较广一些。但对于光照不好的房间，建议不要再使用灰暗的颜色，否则会显得更加压抑，可以多采用一些明亮清新的颜色，回避带有灰色和棕色的色调，那样会使墙面显得脏。

通常一种颜色，在明暗、深浅、冷暖、饱和度等方面稍作变化，就会给人很不一样的感觉。比如白色的墙面，就有很多种细微差别，带一点浅黄的米色调让人觉得温暖亲和，而灰白色则给人以清冷中性感。所以在选墙面颜色时，多拿色板做对比，体会气氛、风格、心情的不同。墙面并不是只能涂一种颜色，渐变色、多色混搭，能给家里带来全新的感觉。多色搭配时，最好选择基调相近的色彩，这样能保持风格的一致性，同时又更富有层次感。另外，搭配色不宜过多，否则很容易显得杂乱而没有主题。

CMYK
17 16 25 0

CMYK
25 30 60 0

CMYK
55 55 57 2

◇ 带点浅黄的米色调墙面适合营造温馨的卧室氛围

CMYK
9 9 7 0

CMYK
50 40 37 0

CMYK
66 0 55 0

◇ 灰白色墙面给人以纯洁、清冷的空旷感，适合表现极简风格空间

需要注意色板通常很小，一个颜色在小面积和大面积的情况下是不同的，面积越大越显得亮。在实际施工中，可以先尝试刷一块，等干了以后看看效果。此外，在色卡上看到的颜色与涂料上墙后的实际颜色通常会有所差异。建议在色卡中选色时，最好挑选比自己喜欢的颜色稍微浅一号的色号，如果喜欢深色墙面，可以与所选色卡颜色调成一致。

04 精装房常用色彩解析

灰色系

灰色是一种稳重、高雅的色彩，象征理性和智慧。灰色不像黑色与白色那样会明显影响其他色彩。因此，作为背景色彩非常理想。任何色彩都可以和灰色相混合。没有色彩倾向的灰色只是作为局部配色以及调色用，带有一定色彩倾向的灰色则常常被大量用来作为住宅装饰的色调。浅灰色显得柔和、高雅而又随和；深灰色有黑色的意象；中灰色最大的特点是带点儿纯朴的感觉。

近年来，高级灰迅速走红，深受人们的喜爱，因此灰色元素也常被运用到软装搭配中。通常所说的高级灰，并不是单单指代表某几种颜色，更多的是指整体的色调关系。有些灰色单拿出来并不是显得那么好看，但是它们经过一些关系组合在一起，就能产生一些特殊的氛围。

CMYK
0 0 0 0

CMYK
70 55 38 0

CMYK
91 88 50 28

CMYK
0 20 60 20

◇ 深灰色的墙面既能在空间中寻找到呼应的元素，又与顶面以及沙发形成色彩对比

CMYK
40 30 30 0

CMYK
66 59 60 7

CMYK
68 65 62 15

CMYK
76 52 100 0

◇ 高级灰沉静内敛的气质能烘托空间的氛围，更能带来前卫现代的感觉

红色系

红色在可见光谱中光波波长最大，所以最为醒目，很容易引起人们的注意。不同国家，红色代表的含义也不相同。例如在中国，红色象征着繁荣、昌盛、幸福和喜庆，在婚礼上和春节都喜欢用红色来装饰。大红色艳丽明媚，容易形成喜庆祥和的氛围，在中式风格中经常被采用；酒红色是葡萄酒的颜色，那种醇厚与尊贵会给人一种雍容的气度与豪华的感觉，所以为一些追求华贵的居住者所偏爱；玫瑰红格调高雅，传达的是一种浪漫情怀，这种色彩为大多数女性们喜爱。

红色除了可以增加空间的温暖感，还具有刺激食欲的作用，用在餐厨空间的装饰上相当合适，这也就是很多餐厅选用红色作为背景色的原因。家居空间中红色既可以作为主色调装扮空间，也可以作为装饰的点缀色，串联整个空间。

CMYK
0 0 0 0

CMYK
37 86 77 3

CMYK
0 20 60 20

◇ 红色墙面与金色软装元素的组合传达出低调奢华的气息

CMYK
27 82 55 0

CMYK
75 75 75 50

CMYK
21 18 16 0

◇ 红色在传统文化中寓意富贵与吉祥，在中式风格空间中应用较多

黄色系

黄色总是与金色、太阳、启迪等联系在一起。许多春天开放的花朵都是黄色的，因此黄色也象征新生。水果黄带着温柔的特性，牛油黄散发着一股原动力，而金黄色又带来温暖。

黄色系具有优良的反光性质，能有效地使昏暗的房间显得明亮。中国人对黄色特别偏爱。这是因黄色与金黄同色，被视为吉利、喜庆、丰收、高贵的象征。

在家居设计中，一般不适合用纯度很高的黄色作为主色调，容易刺激人的眼睛产生不适感，室内空间比较适合采用降低纯度的黄色。例如淡茶黄色，能给人以沉稳、平静和纯朴之感；用米黄色作为室内色彩基调，给空间带来一种温馨、静谧的生活气息。

CMYK
0 0 0 0

CMYK
13 13 58 0

CMYK
67 33 26 0

◇ 鹅黄色墙面与白色家具是田园风格空间中最常见的搭配方案

CMYK
16 20 35 0

CMYK
2 31 90 0

CMYK
36 100 100 0

CMYK
62 30 2 0

◇ 土黄色墙面具有质朴天然的感觉，非常适合乡村风格的空间

绿色系

绿色系在所有的色彩中，被认为是大自然本身的色彩，能令人内心平静、松弛。绿色是生命的原色，象征着生机盎然、清新宁静与自由和平，通常被用来表示新生以及生长。绿色搭配同色系的亮色，比如柠檬黄绿色、嫩草绿色或者白色，会给人一种清爽、生动的感觉；当绿色与暖色系如黄色或橙色相配，则会产生一种青春、活泼之感；当绿色与紫色、蓝色或者黑色相配时，则显得高贵华丽；含灰的绿色，是一种宁静、平和的色彩，就像暮色中的森林或晨雾中的田野那样。

绿色调预示着生长与和谐，是客厅空间完美的墙面颜色。要想让空间保持现有氛围，就远离明亮的色调，去选择让人联想到丛林树叶的深色调，通常较深的绿色适合搭配更多的软装。此外，因为绿色给人的感觉偏冷，所以一般不适合在家居中大量使用，绿色唯有接近黄色阶时才开始趋于暖色的感觉。

CMYK
53 18 55 0

CMYK
87 60 83 33

CMYK
55 21 68 2

CMYK
59 91 45 2

◇ 整体为绿色基调的空间中，通过纯度和明度的变化制造出层次感

CMYK
0 0 0 0

CMYK
36 13 65 0

CMYK
65 78 82 45

CMYK
30 31 35 0

◇ 绿色是表现清新感的最佳色彩，适合搭配藤麻等天然材质

蓝色会使人自然地联想到宽广、清澄的天空和透明、深沉的海洋，所以也会使人产生一种爽朗、开阔、清凉的感觉。把同色系的蓝色进行深浅变化的搭配，更能强调蓝色调的浓烈氛围；蓝白搭配表现出浓郁的地中海风情；靛蓝的饱和色调通常使人惊艳，注入中性色可以平衡家居的整体视觉；蓝色与三原色中的其他两个颜色搭配，可产生鲜艳活泼的感觉，例如蓝色与红色或蓝色与黄色，强烈的视觉对比赋予家居别样的气质。

蓝色是最受欢迎的颜色之一，它可以用在任何居住空间中。如果用蓝色去营造一个"情绪暗示"的空间时，可以选用较暗的蓝色，或是深蓝、浅蓝甚至是灰蓝色调。如果是在朝北或朝西的光线不足的房间里，用暗蓝色调来粉刷会形成一种怀旧感。这种颜色用在卧室中特别适合减压，如果想要尝试在浴缸中休息与放松，也可以将它用作浴室的主色调。

CMYK	CMYK	CMYK
0 0 0 0	77 58 25 0	85 76 45 6

CMYK	CMYK	CMYK
0 0 0 0	27 11 11 0	16 20 25 0

◇ 降纯度与明度的蓝色让空间迅速安静下来，并给人一种都市化的印象

◇ 利用浅灰蓝色作为卧室墙面背景的颜色，带有纯净的基调

米色系

米色是浅黄略白的颜色。自然界中有很多米色物质存在，米色是属于大自然的颜色，一般而言，麻布的颜色就是米色。米色系和灰色系一样百搭，但灰色太冷，米色则很暖。而相比白色，米色含蓄、内敛又沉稳，并且显得大气时尚。米色系中的米白色、米黄色、驼色、浅咖色都是十分优雅的颜色。

大面积使用米色显得温暖舒适，恬静温馨。但米色需要不同明度、纯度、色相组合使用，才能丰富空间层次，增加细腻程度。而且要想得到更好的效果，充足的采光和足够面积的白色对米色空间很重要，因为过多的米色会让一个房间看起来令人疲倦或压抑，日光和白色可以缓解沉闷感。

CMYK
12 12 16 0

CMYK
0 0 0 0

CMYK
27 31 39 0

◇ 米色的墙面让人感觉舒适，将空间清爽、大方、优雅的品质表现出来

CMYK
11 9 7 0

CMYK
45 37 32 0

CMYK
33 76 63 0

CMYK
77 63 37 0

◇ 米色最适合应用在卧室的床头墙上，是营造温馨氛围的首选颜色

第二节 调整空间缺陷的配色技法

◇ 如果空间采光不理想，大面积的白色辅以镜面的反射，能有效提升空间的亮度

◇ 小户型空间应用大面积的浅灰色，除了提亮空间之外，还有一种空间被放大的感觉

Point

01

提亮空间光线的配色技法

浅色在光线不足的状态下通常会缺乏立体感，而较暖的灰色系，可能造成浑浊闷乱的反效果；浅灰色、米色这种中性色彩，可以让空间感觉放大；而像深灰、浓艳亮色系这种太凸显的色彩，比较容易让人感觉到墙面的位置，因此不适合用在小房间。

有些光线比较昏暗的空间，应以明亮色系为主，例如白色、米色、淡黄色、浅蓝色等。饱和色调如深咖啡色或紫红色，适合用在夜晚才使用的空间，例如餐厅就比较适用。

CMYK
0 0 0 0

CMYK
66 57 50 0

CMYK
69 33 50 0

CMYK
37 69 60 0

CMYK
46 36 33 0

CMYK
97 80 20 0

CMYK
25 25 85 0

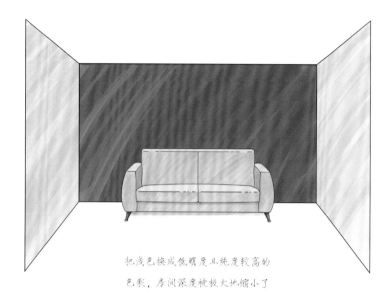

把浅色换成低明度且纯度较高的色彩，房间深度被极大地缩小了

Point

02 缓解空间狭长感的配色技法

同一背景、面积相同的物体，由于其色彩的不同，有的给人突出向前的感觉，有的则给人后退深远的感觉。通常暖色系色彩和高明度色彩产生前进感，冷色、低明度色彩产生后退感。

在室内装饰中，利用色彩的进退感可以从视觉上改善房间户型缺陷。如果空间空旷，可采用带有前进感的色彩处理墙面；如果空间狭窄，可采用带有后退感的色彩处理墙面。例如把过道尽头的墙面刷成红色或黄色，墙面就会有前进的效果，令过道看起来没有那么狭长。如果房间太过狭长，在两面短墙上所用的色彩应比两面长墙更深暗一些，即短墙要用暖色，而长墙要用冷色，因为暖色具有向内移动感。

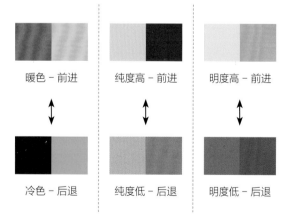

暖色 – 前进	纯度高 – 前进	明度高 – 前进
↕	↕	↕
冷色 – 后退	纯度低 – 后退	明度低 – 后退

远端墙面采用高明度色彩，使人感觉房间的深度增加

不同色彩产生不同的体积感，如黄色感觉大一些，有膨胀性，称为膨胀色；而蓝色、绿色感觉小一些，有收缩性，称为收缩色。一般来说，暖色比冷色显得更大，明亮的颜色比深暗的颜色显得大，周围明亮时，中间的颜色就显得小。

03　实现小空间扩容的配色技法

　　利用色彩来放大空间，是许多设计师的常用手法，小空间可以选择使用白色、浅蓝色、浅灰色等具有后退和收缩属性的冷色系搭配，这些色彩可以使小户型的空间显得更加宽敞明亮，而且运用浅色系色彩有助于改善室内光线。例如白色的墙面可让人忽视空间存在的不规则感，在自然光的照射下折射出的光线也更显柔和，明亮但不刺眼。

　　另外，运用明度较高的冷色系色彩作为小空间墙面的主色，可以扩充空间水平方向的视觉延伸，为小空间环境营造出宽敞大气的居家氛围。这些色彩具有扩散性和后退性，能让小家呈现出一种清新、明亮的感觉。

暖色 – 膨胀

冷色 – 收缩

纯度高 – 膨胀

纯度低 – 收缩

明度高 – 膨胀

明度低 – 收缩

□ CMYK	■ CMYK
0 0 0 0	39 80 91 5

◇ 大面积白色让小空间显得更加宽敞明亮

▨ CMYK	□ CMYK
56 5 18 0	0 0 0 0

◇ 明度较高的冷色系具有扩散性和后退性，并且带来一种清新明亮的感觉

04 提升空间视觉层高的配色技法

很多公寓房的面积不大，高度也偏矮，容易给人造成压抑感。如果想在视觉上提升空间高度，可以用浅色调或偏冷色系的色调，例如蓝色、白色等，在墙面和顶面甚至细节部分都使用相同的颜色，能使空间因完整统一而变得开阔许多。

此外，也可以让顶面的颜色淡于四周墙面的颜色。这样让整个空间自上而下形成明显的层次感，从而达到延伸视觉、减少压抑感的效果。还有一种方案是可以在墙面使用竖向条状图案，无论是上竖下横或多条纹形式，搭配白色、米色等浅色，都能有效地增加视觉高度和减缓压迫感，使小房间在视觉上变大，显得更高。

◇ 竖向条状图案可有效增加空间的视觉高度

层高较低时，顶面可采用浅色，墙面和地面的颜色依次更深，这样能从视觉上增加高度

第三节 精装房墙面图案的氛围营造

 墙面图案装饰作用

通过对精装房墙面图案的选择处理，可以在视觉和心理上改变房间的尺寸，能够使室内空间显得狭窄或者宽敞，可以改变室内的明暗度，使空间变得柔和。

图案可以通过自身的明暗、大小和色彩改变空间效果。一般来讲，色彩鲜明的大花图案，可以使墙面向前提，或者使墙面缩小；色彩淡雅的小花图案，可以使墙面向后退，或者使墙面扩展。图案还可以使空间富有静感或动感。纵横交错的直线组成的网格图案，会使空间富有稳定感；斜线、波浪线和其他方向性较强的图案，则会使空间富有运动感。

白色或浅色的、无图案或图案较小的
墙面使房间显得更加宽敞

深色或是大型的图案会让房间看上去更加狭小

横向条纹具有横向延伸的效果，
但同时会显得层高较低，给人压迫感

纵向条纹拉升房间的层高，但是图案的颜色
对比过于强烈并且大面积使用的话，会让房间显得狭小

02 墙面图案尺寸比例

如果要在墙面上使用图案，就要考虑设计的比例。在小房间里使用大型图案一定要多加小心，因为大型图案的效果很强，容易使空间显得更小。相反，如果在面积很大的墙面上采用细小的图案，远距离看时，就像难看的污渍。图案的尺寸与将要运用该图案的空间大小一定要比例相配，同时还要考虑带有图案的墙壁前放置多少家具，这些家具会不会把图案遮挡得支离破碎，如果是这样，不如考虑使用一个颜色。

03 墙面图案内容选择

墙面图案不仅吸引视线，而且它比单纯的色彩更能影响空间。但注意太过于具象的图案内容会更吸引人的注意力，一方面后期与其他软装饰品的搭配相对困难，另一方面作为空间的背景也过于活跃。通常儿童房、厨房等空间的使用功能相对单纯，只要选对居住者喜欢的主题就好了，即使图案相对显眼也无所谓。

◇ 黑白几何图案更能凸显空间的现代气息

◇ 如果在带有图案的墙面前摆设了家具，就应考虑使两者之间的色彩形成呼应

CMYK		CMYK
92 85 41 6		75 65 22 0
CMYK	◀ 墙面色彩－家具色彩 ▶	CMYK
37 36 45 0		40 56 96 0

◇ 富有立体感的图案更能吸引人的视线

◇ 儿童房的墙面图案通常富有趣味性，有助于激发孩子的想象力

◇ 写实花卉图案

04 常见墙面图案的类型

花卉图案

　　花卉图案是以花卉为主要题材的图案设计，主要分为写实花卉图案和写意花卉图案两种。花卉图案在表现手法上千姿百态，通过花形大小、疏密、构图等方面呈现出不同的感受，是一种富于装饰性的图案。例如碎花图案是小清新的最爱，也是田园风格软装设计中的主要元素，能够轻松营造出春意盎然的田园风。

◇ 写意花卉图案

几何图案

几何图案是现代风格装饰的特征之一，从古至今遍及生活的各个领域。传统的几何图案比较强调美好的寓意，色彩斑斓、造型复杂；现代的几何图案则表现出强烈的视觉冲击力和张力，更有机械感，特别是运用软件设计而产生的几何图案，具有十足的工业气息。

格纹是由线条纵横交错而组合出的纹样，它特有的秩序感和时髦感让很多人对它情有独钟。条纹的装饰性介于格子与纯色之间，如果追求个性，对比鲜明的黑白条纹可以吸引足够的目光；如果追求柔和的装饰效果，那么就选择淡色或者使用同一色系深浅不同的色调。

菱形图案本身就具备均衡的线面造型，基于它与生俱来的对称性，从视觉上就能给人心理稳定、和谐之感。

◇ 一些常见的几何图案

动物纹样

　　动物纹样的特征明显，比花卉图案更具象征性。传统中式风格中经常出现龙凤、孔雀、仙鹤等主题图案，不仅因为其图形的装饰效果，更是由于寓意吉祥，得到人们的喜爱。如鸟类等图纹，在家居装饰中往往能起到画龙点睛的效果。

　　中式风格家居经常采用花鸟图案的墙纸，将鸟语花香的氛围融入整个空间中。中式花鸟图案的墙纸一般以富贵的黄色、红色为底色，题材以鸟类、花卉等元素为主。美好的寓意、自然的文化气息，诗情画意的美感瞬间充盈整个空间。

◇ 锦鲤图案

◇ 花鸟图案

◇ 火烈鸟图案

◇ 喜庆色彩的花鸟图案背景

肌理图案

肌理是物体表面的纹理，是物体的组织结构给人们视觉和触觉的质感，肌理类图案并不出现具体的图形，而是通过模仿某种环境中的肌理质感，形成带有触碰感的错视效果。

肌理图案主要分为自然肌理图案和创造肌理图案两大类。自然肌理图案就是自然形成的现实纹理，如木纹、石纹、植物纹理等不经过加工所具有的肌理。创造肌理是由人工造就的现实纹理，即原有材料的表面经过雕刻、压揉等工艺，

再进行排列组合而形成，与原来触觉不一样的一种肌理形式，如扎染效果、墨流效果等。

◇ 自然肌理

◇ 创造肌理

精装房在交付时已经完成了电路布线工程，所以在照明设计上应把挑选适合的灯具作为重点，其中包括灯具的外观设计，照明方式及范围，台灯与落地灯等辅助光源的选择，不同空间的灯具组合搭配等基础知识。现代软装设计中，出现了更多形式的灯具造型，每个灯具或具有雕塑感，或色彩缤纷，在选择的时候需要根据空间气氛要求来决定。

｜ 精装房软装设计手册 ｜

第四章

精装房灯光氛围营造与灯具选择

第一节 室内照明基础知识

01

照明色温与照度的概念

灯光设计是精装房中一项不可或缺且专业性极强的重要设计内容，其中色温和照度是光的两个重要的物理属性。

色温是指光波在不同能量下，人眼所能感受的颜色变化，用来表示光源光色的物理量，单位是开尔文，单位符号是 K。空间中不同色温的光线，会最直接地决定照明所带给人的感受。日常生活中常见的自然光源，泛红的朝阳和夕阳色温较低，中午偏黄的白色太阳光色温较高。一般色温低的话，会带点橘色，给人以温暖的感觉；色温高的光线带点白色或蓝色，给人以清爽、明亮的感觉。

色温介于 2700~3200K 的时候，光源的色品质是黄的，给人一种暖光效果；色温处于 4000~4500K 时，光源的色品质介于黄与白之间，给人自然白光的效果。

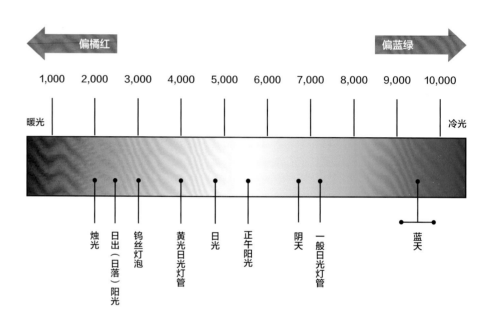

照度是指被照物体在单位面积上所接收的光通量，单位是勒克斯，单位符号为 lx，通俗地讲某个空间够不够亮，就是指照度够不够。在精装房照明的设计中，通常结合光照区域的用途来决定该区域的照度，最终根据照度来选择合适的灯具。例如书房整体空间的一般照明亮度约为 100lx，但阅读时的局部照明则需要照度至少到 600lx，因此可选用台灯作为局部照明的灯具。

★ 室内空间推荐照度范围 （数值为工作面上的平均照度）

室外入口区域	20~50
过道等短时间停留区域	50~100
衣帽间、门厅等非连续工作用的区域	100~200
客厅、餐厅等简单视觉要求的房间	200~500
有中等视觉要求的区域，如办公室、书房、厨房等	300~750

02 灯具搭配原则

做到款式、材料统一，灯具的搭配就一定不会出错。例如两个台灯的组合，可考虑选用同款，形成平行对称；落地灯和台灯组合，最好是同质同色系列，外形上稍作差异变化，就能让层次显得更加丰富。保持同一基调，又打破沉闷，这一原则同样适用于台灯与壁灯的组合选择。

在一个比较大的空间里，如果需要搭配多种灯具，就应考虑风格统一的问题。例如客厅很大，需要将灯具在风格上做一个统一，避免各类灯具之间在造型上互相冲突，即使想要做一些对比和变化，也要通过色彩或材质中的某一个因素将两种灯具统一起来。那种一种灯具在空间中与其他灯具格格不入的设计手法需要回避。

灯罩是灯具能否成为视觉亮点的重要因素，选择时要考虑好是想让灯散发出明亮的还是柔和的光线，或者是想通过灯罩的颜色来做一些色彩上的变化。虽然通常选择色彩淡雅的灯罩比较安全，但适当选择带有色彩的灯罩同样具有很好的装饰作用。

◇ 在同一个空间中搭配多种灯具，需要在色彩或材质上进行呼应

◇ 自然材质的灯罩体现空间的设计主题，并与墙纸图案相映成趣

灯具的选择除了造型和色彩等要素外，还需要结合所挂位置空间的高度、大小等综合因素。一般来说，较高的空间，灯具垂挂吊具也应较长。这样的处理方式可以让灯具占据空间纵向高度上的重要位置，从而使垂直维度上更有层次感。

03 灯光与装修材料的关系

在室内灯光的运用上，也要考虑到墙、地、顶面表面材质和软装配饰表面材质对于光线的反射，这里应当同时包括镜面反射与漫反射，浅色地砖、玻璃隔断门、玻璃台面和其他亮光平面可以近似认为是镜面反射材质，而墙纸、乳胶漆墙面、沙发皮质或布艺表面，以及其他绝大多数室内材质表面，都可以近似认为是漫反射材质。此外，接近白色而有光泽感的材料更能反射光线，反之，黑色系有厚重感的材料则能够吸收光线。

◇ 漫反射材质

◇ 镜面反射材质

04 灯具外观的色彩搭配

灯具的色彩通常是指灯具外观所呈现的色彩，一方面指陶瓷、金属、玻璃、纸质、水晶等材料的固有颜色和材质，如金属电镀色、玻璃透明感及水晶的折射光效等。另一方面，灯罩是灯具能否成为视觉亮点的重要因素，选择时要考虑好是想让灯散发出明亮的还是柔和的光线，或者是想通过灯罩的颜色来做一些色彩上的变化。例如乳白色玻璃灯罩不但显得纯净，而且反射出来的灯光也较柔和，有助于创造淡雅的环境气氛；色彩浓郁的透明玻璃灯罩，华丽大方，而且反射出来的灯光也显得绚丽多彩，有助于营造高贵、华丽的气氛。一款色彩多样的灯罩可以迅速提升空间活跃感，如果房间里已经运用了很多花色繁复的布艺，则可以搭配素色的灯罩，其装饰效果会更加突出。

◇ 乳白色玻璃灯罩适合创造淡雅的环境氛围

◇ 金属电镀色的灯罩具有轻奢气质的质感和光泽

◇ 彩色灯罩装饰性强，适合活跃空间氛围

第二节 光源与照明方式

Point

01 灯泡的类型与特点

照明设计得宜，可以让空间更舒适，其中的关键在于灯泡的选择。由于目前普遍要求节能，发光效率低的白炽灯在逐步减少，人们广泛使用的是 LED 灯，不仅耗电量低，而且寿命是白炽灯的 20 倍。荧光灯虽然没有 LED 灯节能，但它同样性能好、寿命长，并且灯管的形状种类比较多。具体选择时，需要从灯具款式、灯泡价格以及开灯的时间等因素来考虑使用何种灯泡。

★ **灯泡的种类及其特征**

	LED 灯	白炽灯	荧光灯
种类			
优点	亮度高，发光效率佳，耗电少，可结合调光系统营造空间意境	灯体散发出光影质感，即使频繁开关，也不会影响灯泡寿命	耗电少，光感柔和，大面积泛光功能性强
缺点	投射角度集中	比较耗电，损耗率高	不可调节亮度，光影欠缺美感
适用场合	长时间开灯的房间、高处等不便于更换灯泡的地方	需要对所照亮的物体进行美化的地方、需要白炽灯所产生的热度的地方	长时间开灯的房间

02 精装房的照明方式

  照明方式指的是使用不同的灯具来调控光线延伸的方向及其照明范围。依照不同的设计方法，可初步分为直接照明与间接照明，但在应用上又可细分成半直接照明、半间接照明以及漫射型照明。一个空间中可以运用不同的配光方案来交错设计出自己需要的光线氛围，照明效果主要取决于灯具的设计样式和灯罩的材质。在购买灯具前，要在脑海中构想自己想要营造的照明氛围，最好在展示间确认灯具的实际照明效果。

直接照明		所有光线向下投射，适用于想要强调室内某处的场合，但容易将吊顶与房间的角落衬托得过暗
半直接照明		大部分光线向下投射，小部分光线通过透光性的灯罩，投射向吊顶。这种形式可以缓解吊顶与房间角落过暗的现象
间接照明		先将所有的光线投射于吊顶上，再通过其反射光来照亮空间，不会使人感觉炫目的同时容易营造出温和的氛围
半间接照明		通过向吊顶照射的光线反射，再加上小部分从灯罩透出的光线，向下投射，这种照明方式显得较为柔和
漫射型照明		利用透光的灯罩将光线均匀地漫射至需要光源的平面，照亮整个房间。相比前几种照明方式，更适合于宽敞的空间使用

03 不同布光方式的氛围营造

　　以不同的光线来照射吊顶、墙面与地面等不同界面，会改变房间的整体印象。如果想要营造出柔和氛围，需要在地面、墙面与吊顶整体朦胧地布光，只照亮地面和墙面。如果想要房间显得明亮，同时更具视觉上的宽敞感，可使用光线向上的落地灯与壁灯照亮吊顶与墙面。

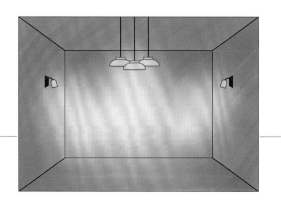

均匀的光线发散至整个房间，地面、墙面与吊顶三处没有明显的明暗对比，给人一种柔和的印象

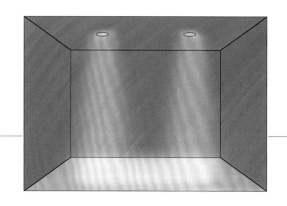

利用房间的顶灯或筒灯进行定向照明，强调地面，这种布光方式可以营造出戏剧性的非日常氛围

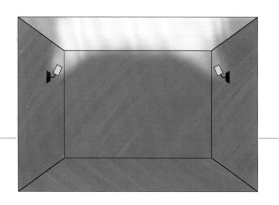

利用射灯照亮吊顶则强调上方的空间，从视觉上显得顶面更高，在更加宽敞的房间内更能凸显其效果

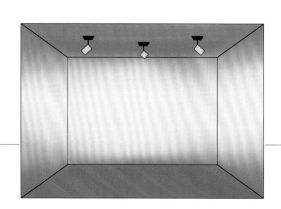

利用射灯照亮墙面，营造出横向的宽敞感，如果将光线打在艺术作品上，能产生美术馆式的效果

第三节 精装房照明灯具选择

Point
01 **灯具风格**

现代风格灯具

在现代风格装饰空间中，灯具除了照明之外，更加强调的是装饰作用，一款好的灯具本身就是一件很好的装饰品。现代风格灯具多为现代感十足的金属材质，外观和造型上以另类的表现手法为主，线条纤细硬朗，颜色以白色、黑色、金属色居多。

北欧风格灯具

北欧风格的家居空间中，适合搭配造型简单且具有混搭味的灯具，例如白色、灰色、黑色的原木材质灯具，如果搭配有点年代感的经典造型灯具，更能提升质感。一般而言，较浅色的北欧风空间中，如果出现玻璃及铁艺材质，就可以考虑挑选有类似质感的灯具。

◇ 现代风格灯具造型简洁，多以金属材质为主

◇ 北欧风格灯具外形简洁自然，工艺细节上独具创意

工业风格灯具

工业风格家居空间除了金属机械灯之外，也可以选择同为金属材质的探照灯。如果选择带有鲜明色彩灯罩的机械感灯具，还能平衡工业风格冷调的氛围。此外，黑色金属台扇、落地扇或者吊扇等也经常应用于工业风格空间中。

◇ 工业风格家居常见金属圆顶形状的吊灯，表面带有磨损的痕迹

美式风格灯具

美式新古典风格适合搭配水晶灯或铜制的金属灯具。水晶材质晶莹剔透，而铜灯则易于营造典雅大气的氛围。美式乡村风格可选择造型更为灵动的铁艺灯具，铁艺具有简单粗犷的特质，可以为美式空间增添怀旧情怀。

◇ 在美式家居中常见筒灯或铁艺灯，金属特有的质感易于营造典雅或粗犷的氛围

新中式风格灯具

新中式风格灯具相对于古典中式风格灯具，造型偏现代，线条简洁，往往在装饰细节上注入中国元素。例如形如灯笼的落地灯、带花格灯罩的壁灯、陶瓷灯，都是打造新中式风格家居的理想灯具。其中新中式陶瓷台灯做工精细，质感温润，仿佛一件艺术品。

地中海风格灯具

比较有代表性的是以风扇为造型和以花朵等为造型的吊灯；地中海风格的台灯会在灯罩上运用多种色彩或呈现多种造型；地中海风格的壁灯在造型上往往会设计成地中海独有的美人鱼、船舵、贝壳等造型。

◇ 新中式风格的灯具造型上偏现代，但会在细节上注入中国元素

◇ 地中海风格灯具常用铁艺、麻绳等材质，体现质朴自然的特点

新古典风格灯具

新古典风格家居空间可选择的灯具很多，烛台灯、水晶灯、云石灯、铁艺灯都是不错的选择。吊灯可给新古典家居带来一种奢华高贵之感，其中圆形的水晶吊灯最为常见，它造型复杂却极具层次感，既有欧式特有的优雅与浪漫，同时也会融入现代的设计元素。

◇ 新古典风格灯具在融入现代设计元素的同时，又不失欧式风格的优雅与浪漫

东南亚风格灯具

东南亚风格灯具造型具有明显的地域民族特征，比较多地采用象形设计方式。如铜制的莲蓬灯、手工敲制出具有粗糙肌理的铜片吊灯、一些大象等动物造型的台灯等。此外，贝壳、椰壳、藤、枯树干等都是东南亚风格灯具的制作材料，很多还会装点类似流苏的装饰物。

+ 星翰设计

◇ 东南亚风格灯具多采用自然材质和象形的设计手法，并经常加入流苏的元素

玻璃灯

　　玻璃灯常见的有彩色玻璃灯具和手工烧制玻璃灯具。彩色玻璃灯是用大量彩色玻璃拼接起来的灯具，其中最为有名的就数蒂芙尼（Tiffany）灯具；手工烧制玻璃灯具通常指一些技术精湛的玻璃师傅通过手工烧制而成的灯具，业内最为出名的就数意大利的手工烧制玻璃灯具。

金属灯

　　金属灯是以不同的金属材料制成的灯具。常见的有铜艺灯、铁艺灯等。铜灯是指以铜作为主要材料的灯具，包含紫铜和黄铜两种材料；铁艺灯并不只是适合欧式风格的装饰，例如铁艺制作的鸟笼造型灯具，就是美式风格与新中式风格中比较经典的元素。

水晶灯

　　水晶灯是指由水晶材料制作成的灯具，主要由金属支架、蜡烛、天然水晶或石英坠饰等共同构成，由于天然水晶的成本太高，如今越来越多的水晶灯原料为人造水晶，世界上第一盏人造水晶的灯具为法国籍意大利人 Bernardo Perotto 于 1673 年创制。

陶瓷灯

　　陶瓷灯是采用陶瓷材质制作成的灯具，分为陶瓷底座灯与陶瓷镂空灯两种，其中以陶瓷底座灯最为常见。陶瓷灯的外观非常精美，目前常见的陶瓷灯大多都是台灯的款式。因为其他类型的灯具做工比较复杂，不能使用瓷器。

纸质灯

　　纸质灯的设计灵感来源于中国古代的灯笼，灯的造型多种多样，可以跟很多风格搭配产生不同的效果。一般多以组群形式悬挂，大小不一错落有致，极具创意和装饰性。在现代简约风格的空间中选择一款纯白色的纸质吊灯，能给空间增加一分禅意。

木质灯

　　木质配合羊皮、纸、陶瓷等材料做成灯具，可以打造出中国传统风格，纸或羊皮上可以绘制一些传统花鸟图案。如今不少北欧家居风格的灯都是木制的，此外，还可以尝试一下工业风格，例如把灯泡直接装在木头底座上。

03 灯具造型

吊灯

　　欧式吊灯凸显庄重与奢华感，中式吊灯给人一种沉稳舒适之感；吊扇灯与铁艺材质的吊灯比较贴近自然，所以常被用在乡村风格当中；现代风格的艺术吊灯主要有玻璃材质、陶瓷材质、水晶材质、木质材质、布艺材质等类型。

◇ 欧式吊灯

◇ 中式吊灯

◇ 现代风格艺术吊灯

◇ 吊扇灯

吸顶灯　　吸顶灯底部完全贴在顶面上，特别节省空间，适用于层高较低的空间。通常面积在 10m² 以下的空间宜采用单灯罩吸顶灯，超过 10m² 的空间可采用多灯罩组合顶灯或多花装饰吸顶灯。

◇　吸顶灯功能实用，常用于层高偏矮的房间

筒灯

　　筒灯有明装筒灯与暗装筒灯之分，根据灯管大小，一般有 12.7cm 的大号筒灯，10.2cm 的中号筒灯和 6.3cm 的小号筒灯三种。尺寸大的间距小，尺寸小的间距大，一般安装距离在一到两米，或者更远。

◇　明装筒灯

＋ 以勒设计

◇　暗装筒灯

壁灯

壁灯通常指的是墙面灯具。壁灯的投光可以向上或者向下，它们可以随意固定在任何一面需要光源的墙上，并且占用的空间较小，因此普遍性比较高。但有些精装房的墙面上只是留了插座，如果想安装壁灯需要重新布线，十分不方便。

台灯

台灯主要放在写字台、边几或床头柜上供书写阅读之用。大多数台灯是由灯座和灯罩两部分组成，一般灯座由陶瓷等材料制成，灯罩常用玻璃、金属、亚克力、布艺、竹藤做成。

◇ 向上投光的壁灯从视觉上显得顶面更高

◇ 为了满足工作和学习需要，书房中宜选用带反射灯罩、下部开口的直射台灯

◇ 卧室中的台灯通常作为辅助照明，方便居住者晚间在床上看书

◇ 壁灯通常以对称的造型出现，营造具有仪式感的氛围

◇ 玄关柜上的台灯通常与摆件形成三角构图的摆设，更强调装饰性

落地灯

　　落地灯从照明方式上主要分为直照式落地灯和上照式落地灯。直照式落地灯光线集中，局部效果明显，对周围影响小。上照式落地灯的光线照在顶面上漫射下来，均匀散布在室内。上照式落地灯搭配白色或浅色的顶面才能产生理想的光照效果。

◇ 中式风格落地灯

◇ 北欧风格落地灯

◇ 简约风格落地灯

◇ 轻奢风格落地灯

PH 灯

由被称为"现代照明之父"的丹麦设计师 Poul Henningsen 设计，这类灯具被设计成拥有多重同轴心遮板以辐射眩光，同时它只发出反射光，模糊了真正的光源。

◇ PH2 松果吊灯　◇ PH2 台灯　　　　◇ PH5 经典吊灯　　　　◇ PH 雪球吊灯

Atollo 灯

由设计师 Vico Magistretti 一手打造，这是一款由圆柱、圆锥以及半球形三个简洁的部分组合而成的灯具。说它是一盏灯其实它更像一座雕像，严谨简洁的线条涵盖了所有技术处理细节。

Beat 灯

从印度制作的黄铜容器获得灵感设计而成，这种吊灯分为小号长锥型、大号宽广型、中号饱满型。以黑色灯罩居多。

Arco 灯

由意大利著名的设计师 Castiglioni 两兄弟所设计，其极具代表性的细长弧形灯柄，与前端的灯罩搭配厚实的底座是对刚柔、优雅、柔美的完美阐释。因此是现代风格和北欧风格家居的经典灯具选型。

AJ 灯

整个 AJ 系列灯饰包括壁灯、台灯、落地灯三种，其中壁灯不管是室内还是室外都适用，AJ 系列灯饰的材质都是用的精制铝合金，线条简洁，造型流畅，没有多余的按钮，辨识度极高。

parentesi 灯

由 Achille Castiglioni 设计。这款悬挂式的吊灯，让灯具的发光位置具有更多的可能性和灵活操作性，同时让室内空间的光照环境也具有更多的可变性。

Tolomeo 灯

Tolomeo 灯轻盈纤细，线条简洁，风格优雅。材料为经过特殊处理的铝材。台灯的弹簧结构隐藏在灯体内部，在开关、灯头和灯架的灵活性上均有革命性的创新。

第四节 精装房空间照明设计方案

01 玄关照明

照明灯具搭配

玄关灯具的选择一定要与整个家居的装饰风格相搭配。如果是现代风格的玄关一般选择灯光柔和的筒灯或者隐藏于顶面的灯带进行装饰；欧式风格的别墅通常会在玄关处正上方顶部安装大型多层复古吊灯，灯的正下方摆放圆桌或者方桌搭配相应的插花。用来增加高贵隆重的仪式感。别墅玄关吊灯一定不能太小，高度不宜吊得过高，相对客厅的吊灯更低一些，跟桌面花艺做很好的呼应，灯光要明亮。玄关柜上可摆放对称的台灯作为装饰，一般没有实际的功能性，有时候也用三角构图，摆放一个台灯与其他摆件和挂画协调搭配，但要注意台灯的色彩要与后面的挂画色彩形成呼应。

照明设计方案

玄关一般都不会紧挨窗户，要想利用自然光来提高光感比较困难，而合理的灯光设计不仅可以提供照明，还可以烘托出温馨的氛围。玄关的照明一般比较简单，只要亮度足够，能够保证采光即可，建议灯光色温控制在约2800K即可。除了一般式照明外，还应考虑到使用起来的方便性。可在鞋柜中间和底部设计间接光源，方便客人或家人外出换鞋。如果有绿色植物、装饰画、工艺品摆件等软装配饰时，可采用筒灯或轨道灯形成焦点聚射。

◇ 欧式风格别墅的玄关吊灯正下方通常会搭配摆设插花的矮桌，增加隆重的仪式感

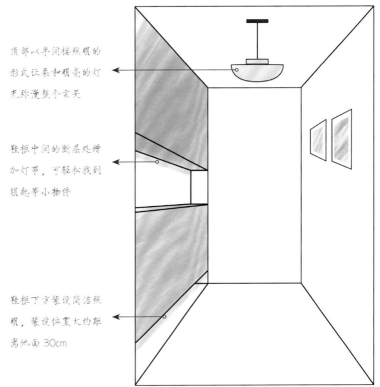

顶部以半间接照明的形式让柔和明亮的灯光弥漫整个玄关

鞋柜中间的断层处增加灯带，可轻松找到钥匙等小物件

鞋柜下方装设简洁照明，装设位置大约距离地面30cm

02 客厅照明

照明灯具搭配

　　客厅通常会运用整体照明和辅助照明的灯光交互搭配，一般以一盏大方明亮的吊灯或吸顶灯作为主灯，搭配其他多种辅助灯具，如壁灯、筒灯、射灯等。如果是要经常坐在沙发上看书，建议用可调的落地灯、台灯来做辅助，满足阅读亮度的需求。如果客厅较大而且是层高3米以上的空间，宜选择大一些的多头吊灯；高度较低、面积较小的客厅应该选择吸顶灯，因为光源距地面2.3m左右，其照明效果最好。

◇ 客厅中除了主灯之外，壁灯、落地灯等辅助照明同样起到非常重要的作用

◇ 挑高的客厅适合选择大型的多头吊灯，更能凸显大空间的气势

照明设计方案

　　客厅顶面除了吊灯之外，安装隐藏式的灯带是目前比较流行的照明方式，但其光源必须距离顶面35cm以上，才不会产生过大的光晕。电视机附近需要有低照度的间接照明，来缓冲夜晚看电视时电视屏幕与周围环境的明暗对比，减少视觉疲劳。如在电视墙的上方安装隐藏式灯带，其光源色的选择可根据墙面的本色而定。沙发区的照明不能只是为了突出墙面上的装饰物，同时要考虑坐在沙发上的人的主观感受。可以选择台灯或落地灯放在沙发的一端。客厅空间中可以对某些需要突出的饰品进行重点投光，使该区域的光照度大于其他区域，营造出醒目的效果。可在挂画、花瓶以及其他工艺品摆件等上方安装射灯，让光线直接照射在需要强调的物品上，达到重点突出、层次丰富的艺术效果。

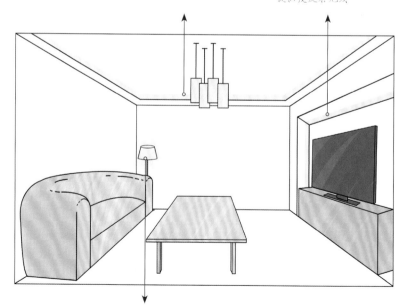

顶灯与四周隐藏的灯带提供客厅空间的整体照明，光线柔和均匀

电视墙上安装灯槽，低照度的间接照明为整个空间提供漫反射光线

沙发一侧增加一盏落地灯，既能使客厅显得更有层次感，也能满足坐在沙发上阅读的需要

03 卧室照明

照明灯具搭配

选择卧室灯具及安装位置时要避免有眩光刺激眼睛。低照度、低色温的光线可以起到促进睡眠的作用。卧室内灯光的颜色最好是橘色、淡黄色等中性色或是暖色，有助于营造舒适温馨的氛围。卧室顶面避免使用太花哨的悬顶式吊灯，否则会使房间产生许多阴暗角落，也会在头顶形成太多的光线，甚至造成一种紧迫感。若以吊灯作为卧室的主要光源时，请注意别将吊灯安装在床的正上方，而是安于床尾的上方，床头再以壁灯或台灯进行辅助照明。

儿童房可以考虑选择一些富有童趣的灯具。一方面可以和空间中其他装饰相匹配，另一方面，童趣化的灯具一般成本不是太高，便于今后根据儿童的年龄阶段随时调换。一般木质、纸质或者树脂材质的灯更符合儿童房轻松自然、温馨而充满童趣的氛围。

◇ 卧室中安吊灯的前提是需要有足够的层高，并且应安装在床尾上方的位置

◇ 儿童房的灯具除了注重材质环保以外，宜选择富有童趣的造型

◇ 如果床头柜上没有空间摆设台灯，可以选择造型精致的小吊灯代替

照明设计方案

在卧室空间的照明设计中，应尽量保持空间灯光的柔和度，不需要明亮的光线，只要满足正常需求便可，因此需要在合理范围内，减弱卧室的照明功能性，要求在合理控制灯具数量的同时将室内照度控制在人眼感到舒适的范围。卧室的照明分为整体照明、床头局部照明、衣柜局部照明、重点照明以及气氛照明等。

整体照明可以装在床尾的顶面，避开躺下时会让光线直接进入视线的位置。扩散光型的吸顶灯或造型吊灯，可以照亮整个卧室。如果空间比较大，可考虑增加灯带，通过漫反射的间接照明为整个空间进行光照辅助。

床头的局部照明是为了让人在床上进行睡前活动和方便起夜设置的，在床头柜上摆设台灯是常见的方式。如果床头柜很小，没法再摆放台灯，可以根据风格的需要选择小吊灯代替。也可考虑把照明灯光设计在背景中，用光带或壁灯都可以。

衣柜的局部照明，是为了方便使用者在打开衣柜时，能够看清衣柜内部的情况。衣帽间需要均匀、无色差的环境灯，镜子两侧设置灯带，衣柜和层架应有补充照明。最好选用发热较少的 LED 灯具。

◇ 走入式衣柜中除了顶部的整体照明之外，可在层板之间设置灯具，便于拿取衣物时看得更清楚

重点照明可以衬托出卧室床头墙上的一些特殊装饰材料或精美的饰品，这些往往需要筒灯烘托气氛。但需要注意灯光尽量只照在墙面上，否则躺在床上向上看时会觉得刺眼。

气氛照明可以营造助眠的氛围，通常桌面或墙面上是布置气氛照明的合适地点，例如桌子上可以摆放仿真蜡烛，营造情调；墙面上可以挂微光的串灯，营造星星点点的浪漫氛围。甚至还可以在床的四周低处使用照度不高的灯带，活用灯光，增加空间的设计感。

◇ 作为重点照明的筒灯起到突出墙上装饰画的作用，但注意灯光应投向墙面

◇ 沿床的四周安装低照度的灯带，烘托卧室温馨浪漫的氛围

吊灯与灯带作为卧室的整体照明，要注意吊灯应安装在床尾处的顶面

衣帽间除了顶面的嵌入式筒灯之外，还可在收纳柜内部装设灯带作为补充照明

三个集中的筒灯作为重点照明，衬托出床头墙上的瓷盘装饰

床头左右两侧的床头柜上增加造型精美的台灯，方便阅读和起夜

+ 李超设计

04 书房照明

照明灯具搭配

　　书房中灯具的造型应符合一般学习和工作的需要，需要平和和安宁的氛围，因此不能使用斑斓的彩光照明，或者是一些光线花哨的镂空灯具。尤其是书桌上配置的台灯，除了要足够明亮，材质上也不宜选择纱罩、有色玻璃等装饰性灯具，以达到清晰的照明效果。书房中的灯具避免安装在座位的后方，如果光线从后方打向桌面，这样在阅读时会产生阴影。书桌上方可以选择具有定向光线的可调角度灯具，这样既能保证光线的强度，也不会看到刺眼的光源。

+ 郑俊华设计

◇ 具有定向光线的可调角度灯饰是书桌区域的常用照明选择

+ 千寻软装艺术设计

◇ 书房的灯具首先应符合整体空间的装饰风格，另外造型上也不宜过于复杂，以保证清晰的照明效果

照明设计方案

书房的照明应从两个角度来分析，一种是稳定明亮的全局照明，另一种则是具有针对性的局部办公区域照明，后者的用光比前者更加重要。书房照明的灯光要柔和明亮，避免眩光产生疲劳，使人舒适地学习和工作。间接照明能避免灯光直射所造成的视觉眩光伤害，所以书房照明最好能采用间接光源，如在顶面的四周安置隐藏式灯带。通常书桌、书柜、阅读区是需要重点照明的区域。

书桌照明的最佳位置是令光线从书桌的正上方或左侧射入，不要置于墙上方，以免产生反射眩光。也可以将灯具内藏于上方书柜下缘，以漫反射性光源为主，避免投射性光源，以防止书写或阅读时产生过多的阴影，造成视觉疲劳。如果居住者经常会在书桌区域进行书写、阅读，那么一定要让书桌区拥有足够明亮的照明光线，在这种情况下，最简单的照明设计方式是拉近灯光与书桌的距离，使灯光能够直接而准确地照亮书桌区，并且尽量选择较为护眼的白色或淡暖黄色光源。

书柜中嵌入灯具进行补充照明可以提升房间的整体氛围，既可突出装饰物品，也能帮助找到想要的书。具体可根据书柜的实际格局，选择不同的嵌入式照明方式，借此来满足居住者不同方面的照明需求。

若是在书房中的单人椅、沙发上阅读时，最好采用可调节方向和高度的落地灯。

◇ 通过筒灯与隐藏的灯带作为书房的光源，满足照明需要的同时还能起到烘托氛围的作用

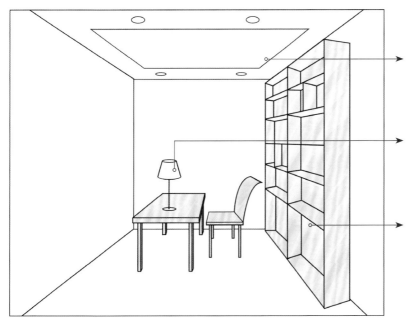

顶面安装隐藏式灯带配合筒灯作为整体照明，光线均匀柔和，符合书房的特点

除了间接照明之外，书桌上增加一盏台灯加强直接照明，以保护眼睛视力

书柜中安装了嵌入搁板的隐藏式灯具，方便查找书籍，而且对一些工艺品起到重点照明的作用

05 餐厅照明

照明灯具搭配

　　餐厅以低矮悬吊式照明为佳，考虑家人走到餐桌边多半会坐下对话，因此灯具的高度不宜太高，必须考虑到坐下时是否可以看到对方的脸。通常灯具最佳高度为离地 185cm 左右，搭配约 75cm 的餐桌高度。想要让灯具与下方餐桌区互相搭配，就要让其在某个方面形成呼应关系。例如可以根据餐桌的形态选择造型与之接近的灯具，或者是图案、色彩等方面形成呼应，也可以考虑使灯具与餐椅在材质、纹理、配色等方面形成配套组合。

　　1.4m 或 1.6m 的餐桌，建议搭配直径 60cm 左右的灯具，1.8m 的餐桌配直径 80cm 左右的灯具。单盏大灯适合 2~4 人的餐桌，自然而然地将视觉聚焦。如果比较重视照明光感，或是餐桌较大，不妨多加 1~2 盏吊灯，但灯具的大小比例必须调整缩小。长形的餐桌既可以搭配一盏相同造型的吊灯，也可以用同样的几盏吊灯一字排开，组合运用。如果吊灯形体较小，还可以将其悬挂的高度错落开来，给餐厅增加活泼的气氛。

◇ 大小不一的多盏吊灯高低错落地悬挂，即使不开灯时也具有很好的装饰效果

◇ 单盏吊灯具有将视觉聚焦的效果，同时多个灯头的设计可为餐厅提供充足的整体照明

◇ 多盏吊灯一字排开，富有韵律的美感，适合长方形的餐桌

照明设计方案

　　餐厅照明应以餐桌为重心确立一个主光源，再搭配一些辅助光源，灯具的造型、大小、颜色、材质，应根据餐厅的面积、家具与周围环境的风格进行相应的搭配。从实用性的角度上来看，在餐桌上方安装吊灯照明是一个不错的选择，如果还想加入一些氛围照明，那么可考虑在餐桌上摆放一些烛台，或者在餐桌周围的环境中，加入一些辅助照明灯光。在餐厅中使用显色性极佳的白色光，主要是为了让就餐者能够对餐桌上的食物进行明确分辨，避免造成误食而影响心情。如果餐厅的整体设计相对简洁，那么选择暖色调的照明光源更能营造良好的就餐氛围。

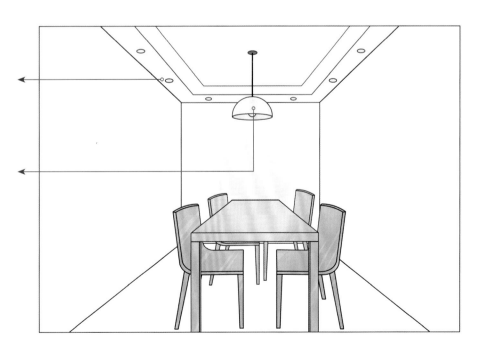

◇ 餐桌上摆设的烛台除了装饰以外，还可作为餐厅的氛围照明

顶面嵌入筒灯，灯光均匀分布，整体光线微弱柔和，营造轻松的用餐环境

单盏吊灯拉近与美食之间的距离，而且作为主光源，带来较为集中的照明光源

Point

06 厨房照明

照明灯具搭配

厨房照明以工作性质为主，建议使用日光型照明。除了在厨房走道上方装置顶灯，照顾到走动时的需求，还应在操作台面上增加照明设备，以避免身体挡住主灯光线，切菜的时候光线不充足。安装灯具的位置应尽可能地远离灶台，避开蒸汽和油烟，并要使用安全插座。灯具的造型应尽量简单，把功能性放在首位，最好选择外壳材料不易氧化和生锈的灯具，或者是表面具有保护层的灯具。

照明设计方案

厨房的照明基本会用整体照明、操作区局部照明、水槽区局部照明、收纳柜局部照明来进行组合。整体照明最好采用顶灯或嵌灯的设计，并且采用不同的灯光布置形式，既可以是一盏灯具带来的照明，也可以采用组合式的灯具布置。

厨房的油烟机上面一般都带有 25~40W 的照明灯，它使得灶台上方的照度得到了很大的提高。有的厨房在切菜、备餐等操作台上方设有很多柜子，也可以在这些柜子下面安装厨房用的 20W 管状日光灯，以增加操作台的亮度。

厨房间的水槽多数都是临窗的，在白天采光会很好，但是到了晚上做清洗工作就只能依靠厨房的主灯。但主灯一般都安装在厨房的正中间，这样当人站在水槽前正好会挡住光源，所以需要在水槽的顶部预留光源。效果简洁点可以选择防雾射灯，想要增加点小情趣的话可以考虑造型小吊灯。

收纳吊柜的灯光设计也是厨房照明不可或缺的一个重要环节，可在收纳吊柜内部的最上侧安装照明嵌灯。为了突出这部分照明效果，通常会采用透明玻璃来制作橱柜门，或者是直接采用无柜门设计。

◇ 厨房中的灯具应安装在远离灶台的位置，同时宜选择不易氧化和生锈的材质

◇ 厨房临窗的水槽上方宜安装小吊灯作为辅助照明

◇ 厨房的吊柜下方安装灯带，以增加操作台的亮度

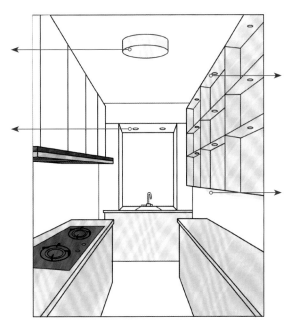

顶灯照亮整个厨房，光线均匀柔和

水槽上方安装筒灯，方便在夜晚清洗食材与清洁碗盘

收纳吊柜内部的最上侧安装筒灯，方便找调料的同时，还给其中的陈列物提供了一种重点照明效果

收纳吊柜与墙面的下方夹角处安装隐藏式灯带，柔和的光线可让操作者避免在自己的阴影下做菜

Point

07 卫浴间照明

照明灯具搭配

在一些小户型住宅及一些卧室中附带卫浴间的室内空间中，卫浴间的面积通常略显狭小，应选择一款相对简洁的顶灯作为基本照明，不仅可减少空间中所使用的灯具数量，还可最大限度地降低灯具对空间的占用率。在各种灯具中，吸顶灯与筒灯为最佳选择。但如果卫浴间的层高足够高挑，那么可考虑选择一款富有美感的装饰吊灯作为照明灯具。这样使得卫浴间在拥有充足照明的同时，还能获得更加强烈的视觉情调与装饰效果。

卫浴间的灯具最好具备防水、散热及不易积水等功能，材质最好选择玻璃及塑料密封，方便清洁。

◇ 卫浴间的灯具应具备防水与防潮的性能，玻璃材质的灯罩是最常见的选择

◇ 梳妆镜的四边安装灯带

照明设计方案

如果卫浴空间比较狭小，可以将灯具安装在吊顶中间，这样光线四射，从视觉上有扩大之感。大面积卫浴间的照明可以用顶灯、壁灯、筒灯等组合照明的方式。

在通常情况下，如果对镜前区域的灯光没有过多的要求，那么可考虑在镜面的左右两侧安装壁灯。如果条件允许，也可在镜面前方安装吊灯，这样一来，灯光可直接洒向镜面。但同时要保证照明光线的柔和度，否则容易引起眩光。如果从灯光和镜面结合处理的角度出发，并且镜面后方留有足够的空间，可考虑在其后方安装隐藏式灯带或灯管。此外，还可考虑在镜面的边缘处增加照明设备，从而让照明光线能够与镜边轮廓的造型完美贴合。

盥洗台面盆区域的照明可考虑在面盆正上方的顶面安装筒灯或组成吊灯，同时照亮镜面与面盆区。盥洗台下方区域的灯光设计可把重点放在实用性上，例如可在盥洗台最下方的区域安设隐藏灯具，通过其所散发出的照明光线，为略显昏暗的卫浴空间提供安全性的引导照明。

在为坐便区选择照明灯具时，应当将实用性与简约性放在首位，即使仅仅为其安装一盏壁灯，也可起到良好的照明效果。但如果想利用灯光设计为此处增加几分艺术感，那么就需要加入一些具有装饰性的灯光处理。

◇ 梳妆镜的前方安装吊灯

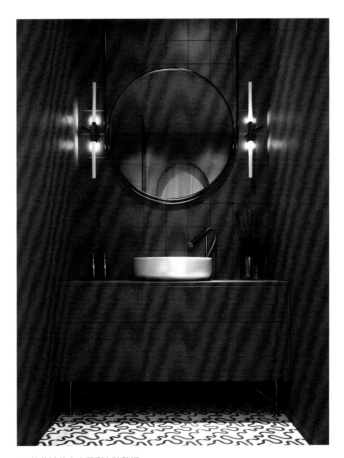

◇ 梳妆镜的左右两侧安装壁灯

◇ 盥洗台的底部安装灯带，为采光不足的卫浴空间提供安全性的引导照明

◇ 坐便器的上方安装壁灯，起到装饰效果的同时，为卫浴间的干区提供了良好的照明效果

顶面采用吊灯、隐藏式灯带与筒灯相结合的照明方式，满足大面积卫浴间的整体照明

面盆上方的顶面安装筒灯作为局部照明，同时照亮镜面与面盆区域

马桶后背景墙的造型四周安装灯带提供柔和光线，还能为该区域增添艺术感

在镜子的左右两侧装上壁灯，为镜前区域提供充足的照明，这样脸部不容易出现阴影

窗帘的搭配是精装房布艺设计中的重点。而且生动精致的家居生活，与窗帘的巧妙搭配密不可分。虽然窗帘款式和风格复杂繁多，但在搭配上其实有规律可循，比如按风格搭配、按材质搭配、按软装元素搭配，或按空间布局搭配等。

「 精装房软装设计手册 」

第五章

精装房
窗帘样式与搭配
技法

第一节 窗帘样式与尺寸测量

 窗帘样式选择

作为空间最为凸显的存在，窗帘是精装房的软装配饰重点之一。要想打造生动精致的生活方式，与窗帘的巧妙搭配密不可分。通常窗帘的样式可分为布艺帘、百叶帘、卷帘、风琴帘、罗马帘等。

布艺帘

布艺按材质可分为棉质、麻质、纱质、丝质、雪尼尔、植绒、人造纤维等。棉、麻是窗帘布艺常用的材料，易于洗涤和更换。一般丝质、绸缎等材质比较高档，价格相对较高。

◇ 布艺帘材质多样，同时还可起到装饰和营造氛围的作用

棉质窗帘	棉质属于天然的材质，由天然棉花纺织而成，吸水性、透气性佳，触感很棒，染色色泽鲜艳。缺点是容易缩水，不耐阳光照射，长时间内棉质布料较其他布料容易受损。	
亚麻窗帘	亚麻属于天然材质，是由植物的茎干抽取出纤维所制造成的织品，通常有粗麻和细麻之分，粗麻风格粗犷，而细麻则相对细腻一点。	
纱质窗帘	纱质窗帘装饰性强，透光性能好，能增强室内的纵深感，一般适合在客厅或阳台使用。但是纱质窗帘遮光能力弱，不适合在卧室使用。	
丝质窗帘	丝质是由蚕茧抽丝做成的织品。其特点是光鲜亮丽，触感滑顺，十分贵气。但是纯丝绸价格较昂贵，现在市面上有较多混合丝绸，功能性强，使用寿命长，价格也更便宜一些。	
雪尼尔窗帘	雪尼尔窗帘有很多优点，不仅具有本身材质的优良特性，而且表面的花形有凹凸感，立体感强，整体看上去高档华丽，在家居环境中拥有极佳的装饰性，散发着典雅高贵的气质。	
植绒窗帘	如果想要营造奢华艳丽的感觉，同时觉得丝质、雪尼尔面料价格较贵，可以考虑价格相对适中的植绒面料。植绒窗帘具有手感好、挡光性好的特点。	
人造纤维窗帘	人造纤维目前在窗帘材质里是运用最广泛的材质，功能性超强，如耐日晒、不易变形、耐摩擦、染色性佳。	

百叶窗

百叶窗不仅可调节叶片角度来控制进光量，也能如同窗纱一样兼顾亮度与室内隐私。材质上可分为铝制百叶窗和木制百叶窗，比起铝制百叶窗，木制的虽然价格相对较高，但韵味独特。

◇ 铝制百叶窗

◇ 木制百叶窗

卷帘

卷帘可随心调整至自己喜欢的高度，比较适合安装在书房、卧室等较为安静的居室，卷帘有单色、花色，也有整幅帘是一幅图案的。根据材质的不同，卷帘可分为人造纤维卷帘、木质卷帘、竹质卷帘。

◇ 卷帘

风琴帘

　　风琴帘顾名思义，在外形上有些类似手风琴拉开的立体形状，从侧面看一个一个风琴格形似蜂巢，所以也有人称之为蜂巢帘。除了遮光效果佳之外，其中空结构能有效隔热与保温。

◇　风琴帘

罗马帘

　　罗马帘是由布料缝制在一起的窗帘。拉拽抽绳能自窗帘下摆折叠收起，只需稍稍放下窗帘，就能够阻挡阳光与上方的外界视野，与卷帘相比，罗马帘具有独特的布料褶皱之美。

◇　罗马帘

02 了解窗帘的组成

一套窗帘通常由几个部分组成，分别是帘头、帘身、帘杆、帘带和帘栓等。

帘头是起装饰作用的部分，可分为水波帘头、平幔、水波配平幔、工字折帘头等，每一种里面又可以设计制作出很多款式。带有帘头的窗帘可以更好地烘托室内的华丽氛围，如新古典装饰风格的室内常使用波浪式帘头及带有流苏的帘头。而在现代简约风格的空间中应避免使用复杂的帘头。除了特殊装饰之外，一般帘头的高度是窗帘高度的25%。如果房子的层高不是很高，建议不要使用造型复杂、太低的窗帘幔头，以免遮挡窗户光线。

帘身包括外帘和内帘。外帘一般使用的是半透光或不透光的较厚面料，如需要完全遮光效果，则会在外帘内侧增加遮光帘。如果不想使用帘头，可将外帘直接悬挂于帘杆上。内帘也称为纱帘，一般为半透明纱质面料，材质有棉纱、涤纶纱、麻纱等，通常与外帘搭配使用。

帘杆用于悬挂外帘和内帘，一般分为滑轨和罗马杆两种。滑轨是指轨道中间的一串拉环，罗马杆是指一个杆子上中间穿圆环，两头用大于圆环的头部堵住。滑轨造型简洁，一般安装在顶面，会用窗帘盒、石膏线或者吊顶挡住。罗马杆有各种美观的造型，一般安装在墙面，露出来比较好看。

帘带和帘栓通常用于固定掀起的窗帘，两者通常搭配使用。

帘杆　帘头　　　　　　　帘身　　　帘带和帘栓

套杆式

这是一种比较常见的挂法，拆装都十分简单，只需将窗帘沿着窗帘杆套入即可，而且除了帘杆几乎不需要其他任何辅件，缺点是开合不是太方便。

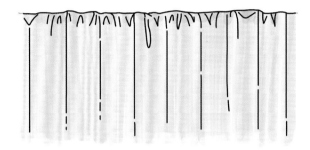

套环式

将搭扣勾于窗帘边缘并与上方的吊环相连，这种方法几乎能用来挂任何一种窗帘，因为只需要勾在窗帘边缘即可，而且可以任意移动，开合十分流畅。

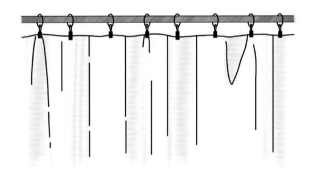

打结式

这种挂法比较浪漫，直接将窗帘在杆上打个蝴蝶结，可以增加美感，适合用于需要体现温馨浪漫的空间里。

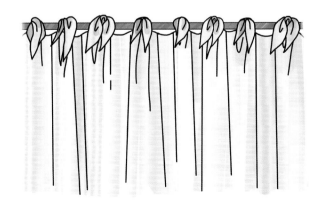

暗藏搭扣式

安装十分简单，而且外观整洁干净，全部的挂件都藏于窗帘布后，使窗帘看上去就如同悬浮在窗帘杆前一样，并且可以通过调整搭扣的间距来制造不同的褶皱效果。

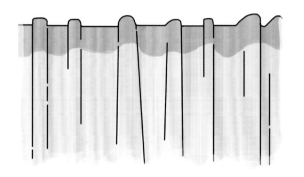

◇ 暗藏搭扣式（正）

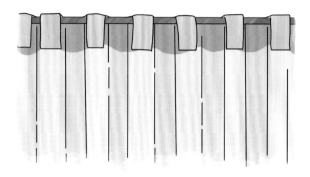

◇ 暗藏搭扣式（反）

吊扣式

这种挂法是套环式的变异，需要在窗帘的背后缝制一套塑料吊线来勾住搭扣。这样在前面看来，五金搭扣自然就被隐藏起来了，非常适合悬挂重而厚实的绒布窗帘。

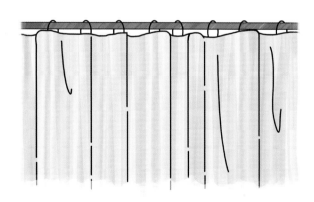

◇ 吊扣式（正）

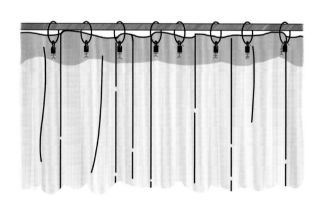

◇ 吊扣式（反）

03 窗帘尺寸测量

因为国内建筑对窗户没有一个既定的标准尺寸要求，因此市面上的窗帘基本上都需要进行定制。事先需要测量窗户以计算窗帘面料的用量。

测量宽度的时候，不要测量窗子本身，而是要量窗帘杆或轨道。轨道的长度应考虑到为窗帘收起时留出空间，比窗框左右各长出 10~15cm。这样一来，在窗帘收起的时候也不会遮挡窗户，可将整扇窗户都露出来。如果是两侧打开的窗帘，记住中间需要预留重叠的部分，大约需要 2.5cm。窗帘的高度需要根据下摆的位置来决定，如果是窗台上要距离 1.25cm，窗台下则要多出 15~20cm，落地窗帘的下摆在地面上 1~2cm 即可。

◇ 长度到地板的落地窗帘

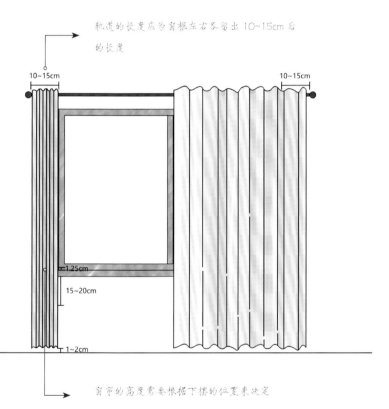

轨道的长度应为窗框左右各留出 10~15cm 后的长度

窗帘的高度需要根据下摆的位置来决定

◇ 长度到窗台的窗帘

长度到窗台的窗帘看起来漂亮、干净，带点随性悠闲的感觉，适合厨房。长度不及窗户一半的窗帘，不仅能引进大量的光线，又能保证隐私。长度到地板的落地窗帘在视觉上非常优雅，特别适合用在客厅及餐厅。长度几乎及地的窗帘会让窗户看起来更大，顶面更高，也会增加整个空间的华贵感。

◇ 长度不及窗户一半的窗帘

+ 根据窗型搭配窗帘式样

窗型会直接影响整体的美观度，且不同窗型需要搭配不同的窗帘。在一个精装房中，窗户的大小、形状不同，要选用不同的窗帘款式，有时可以起到弥补窗型缺陷的作用。

飘窗

如果飘窗较宽，可以做几幅单独的窗帘组合成一组，并使用连续的帘盒或大型的花式帘头将各幅窗帘连为整体。窗帘之间，相互交叠，别具情趣。如果飘窗较小，就可以当作一个整体来装饰，采用有弯度的帘轨配合窗户的形状。

落地窗

落地窗从顶面直达地板，由于整体的通透性，给了窗帘设计更多的空间。落地窗的窗帘选择，以平拉帘或者水波帘为主，也可以两者搭配。如果是多边形落地窗，窗幔的设计以连续性打褶为首选，能非常好地将几个面连贯在一起，避免水波造型分布不均的尴尬。

转角窗

转角的窗户通常出现在书房、儿童房或内阳台的设计上。转角窗通常将窗帘在转角的位置上分成两幅或多幅，且需要定制有转角的窗帘杆，使窗帘可以流畅地拉动。

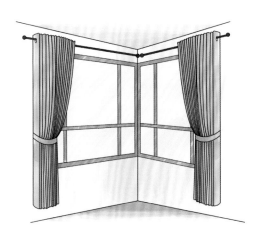

挑高窗

挑高窗从顶部到地面约5~6m，上下窗通常合为一体，多出现在别墅空间。窗帘款式要凸显房间、窗型的豪华大气，配帘头效果会更佳，窗帘层次也要丰富。此外，因为窗户过高，较为适合安装电动轨道。

拱形窗

拱形窗的窗型结构具有浓郁的欧洲古典格调，窗帘应突出窗形轮廓，而不是将其掩盖，可以利用窗户的拱形营造磅礴的气势感，把重点放在窗幔上。以比较小的拱形窗为例，上半部圆弧形部分可以用棉布做出自然褶度的异型窗帘，以魔术贴固定在窗框上，这种款式小巧精致，装饰性很强。

窄而高的窗型

窄而高的窗型，凸出的是高挑与简练，窗幔尽可能避免繁复的水波设计，以免产生臃肿与局促的视觉感受。窗帘的花纹可以选择横向的，这样能够拉宽视觉效果。规格上选择长度刚过窗台的窗帘，并向两侧伸过窗框，尽量暴露最大的窗幅。

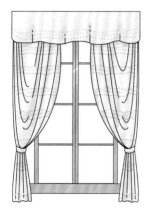

短而宽的窗型

短而宽的窗户比较典型，通常选用单层或双层的落地窗帘效果最好，规格上可选长帘，让帘身紧贴窗框，遮掩窗框宽度，弥补长度的不足。如果这种窗户是在餐厅或厨房的位置，可以考虑在窗帘里加做一层半窗式的小遮帘，以增加生活的趣味。

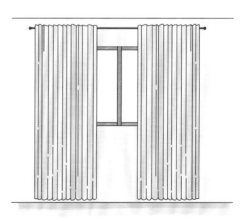

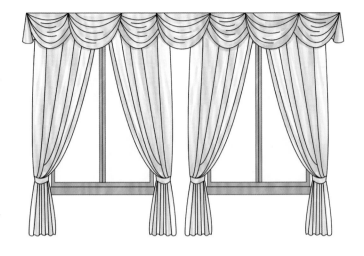

多扇窗或门连窗

当一面墙有多扇窗或者是门连窗时，化零为整是最佳的处理方法，窗幔采用连续水波的方式能将多个窗户很好地连成一个整体。

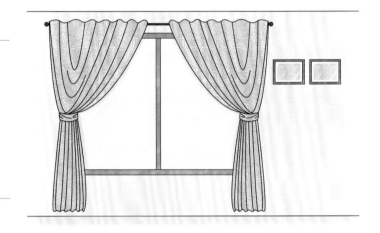

大面积的窗户

大面积的窗户带来大量采光的同时，也给窗帘的布置创造了有利的展示条件。但大幅面的窗帘由于形成了空间一大面的颜色和质感，需要和其他软装配饰协调好彼此之间的关系。

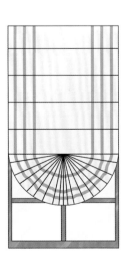

面积过小的窗户

如果窗户过小，安装厚质面料的落地窗帘，会产生笨重、累赘的视觉效果。因而，最好安装升降帘、罗马帘。

第二节 窗帘色彩与图案搭配

Point

01 精装房窗帘色彩与图案搭配重点

如果室内色调柔和，并为了使窗帘更具装饰效果，可采用强烈对比的手法，改变房间的视觉效果；如果房间内已有色彩鲜明的风景画，或其他颜色鲜艳的家具、饰品等，窗帘就最好素雅一点。在所有的中性色系窗帘中，如果确实很难决定，那么灰色窗帘是一个不错的选择，比白色耐脏，比褐色明亮，比米黄色看着高档。

窗帘图案主要有两种类型，一种是抽象型，如方、圆、条纹及其他形状，另一种是天然物质形态图案，如动物、植物、山水风光等。在设计时可以考虑在空间中找到类似的颜色或图案作为选择方向，这样可以与整个空间形成很好的衔接。另外选择时应注意，窗帘图案不宜过于琐碎，要考虑打褶后的效果。

◇ 抽象型的窗帘图案

CMYK
93 76 45 0

CMYK
25 25 100 0

◇ 色彩呈现强烈对比的窗帘视觉效果突出，增加素色空间的亮点

◇ 天然物质形态的窗帘图案

精装房窗帘色彩搭配技法

窗帘色彩与空间界面的关系

　　当地面同家具颜色对比度强的时候，可以地面颜色为中心选择窗帘；地面颜色同家具颜色对比度较弱时，可以家具颜色为中心选择窗帘。面积较小的房间就要选用不同于地面颜色的窗帘，否则会显得房间狭小。如果精装房中的地板颜色不够理想，建议选择和墙面相近的颜色，或者选择比墙壁颜色深一点的同色系颜色。例如浅咖色也是一种常见墙色，那就可以选比浅咖色深一点的浅褐色窗帘。

CMYK
45 47 53 0

CMYK
25 20 30 0

CMYK
65 65 61 9

◇ 如果地面的颜色过深，可选择比墙面颜色深一些的同色系窗帘

CMYK
87 75 25 0

CMYK
61 39 8 0

◇ 根据家具色彩与图案选择窗帘，富有整体感

CMYK
56 41 36 0

CMYK
30 30 71 0

CMYK
43 46 66 0

◇ 根据地面拼花图案选择窗帘，两者相映成趣

根据软装配饰选择窗帘色彩

　　窗帘与抱枕相协调是最安全的选择，不一定要完全一致，只要颜色呼应。其他软装布艺也都可以，例如床品和窗帘颜色一样的话，卧室的配套感会特别强。像台灯这样越小件的物品，越适合作为窗帘选色来源，不然会导致同一颜色在家里铺得太多。少数情况下，窗帘也可以和地毯色彩相呼应。但除非地毯本身也是中性色，可以按照地毯颜色做单色窗帘，否则让窗帘带上点地毯颜色就可以，不建议两者都用一色。

+ 大观·自成设计

CMYK
91 83 65 35

CMYK
47 21 36 0

◇ 选择与抱枕色彩相协调的窗帘搭配方案

+ 大森设计

CMYK
50 60 70 0

CMYK
28 77 95 0

◇ 选择与床品色彩相协调的窗帘搭配方案

03 常见风格的窗帘色彩搭配

现代风格窗帘

现代风格空间中建议采用几何图案的窗帘，颜色选用与硬装协调的黑、白、灰，突出冷静与干练。

北欧风格窗帘

北欧风格空间中，白色、灰色系的窗帘是百搭款，简单又清新。如果搭配得宜，窗帘上出现大块的高纯度鲜艳色彩也是北欧风格中特别适用的。

东南亚风格窗帘

东南亚风格的窗帘一般以自然色调为主，完全饱和的酒红色、墨绿色、土褐色等最为常见。

美式风格窗帘

美式风格的窗帘色彩可选择土褐色、酒红色、墨绿色、深蓝色等，浓而不艳、自然粗犷。

田园风格窗帘

田园风格窗帘通常以小碎花为主角，同色系格子布或素布与其相搭配，辅以装饰性的窗幔或蝴蝶结。

新古典风格窗帘

欧式新古典风格的窗帘颜色可以选择香槟银色、浅咖色等，花形讲究韵律，弧线、螺旋形的花形较常出现。

欧式古典风格窗帘

欧式古典风格的窗帘多选用金色或酒红色这两种沉稳的颜色，完美地展现出了家居的豪华感。有些会运用一些卡其色、褐色等做搭配，再配上带有珠子的花边增强窗帘的华丽感。

新中式风格窗帘

新中式风格的窗帘可以选一些仿丝材质，既可以拥有真丝的质感、光泽和垂坠感，还可以加入金色、银色，添加时尚的感觉，如果运用金色和红色作为陪衬，又可表现出华贵与大气之感。

第三节 精装房空间窗帘搭配方案

◇ 挑高的客厅空间适合选用电动窗帘，这样窗帘的拉开和收起只需遥控器就可以了，但需要事先在窗帘盒内排好电源

◇ 客厅采用纱质窗帘使得透光性更佳，给人宽敞明亮的视觉印象

01 客厅窗帘

客厅窗帘的色彩和材质都应尽量选择与沙发相协调的面料，以达到整体氛围的统一。现代风格客厅最好选择轻柔的布质类面料；欧式风格客厅可选用柔滑的丝质面料。如果客厅空间很大，可选择风格华贵且质感厚重的窗帘，例如绸缎、植绒面料，质地细腻，又显得豪华富丽，而且具有不错的遮光、隔声的效果。如果客厅面积较小，纱质的窗帘能够加强室内空间的纵深感，并且透光性好。

02 餐厅窗帘

餐厅位置如果不受曝晒，一般有一层薄纱即可。窗纱、印花卷帘、阳光帘均为上佳选择。当然如果做罗马帘的话会显得更有档次。餐厅窗帘色彩与纹样的选择要与餐椅的布艺、餐垫、桌旗保持一致。窗帘花色不要过于繁杂，尽量简洁，否则会影响到人的食欲。材质上可以选择一些比较薄的化纤材料，比较厚的棉质材料容易吸附食物的气味。

◇ 餐厅窗帘的色彩宜与餐椅及其他摆件相呼应

03 卧室窗帘

卧室窗帘的色彩、图案需要与床品相协调，以达到与整体装饰相协调的目的。通常遮光性是选购卧室窗帘的第一要素，棉、麻质地或者是植绒、丝绸等面料的窗帘遮光性都不错。也可以采用纱帘加布帘的组合，外面的一层选择比较厚的麻棉布料，用来遮挡光线、灰尘和噪声，营造安静的休憩环境；里面一层可用薄纱、蕾丝等透明或半透明的面料，主要用来营造浪漫的情调。

◇ 纱帘加布帘是卧室窗帘的常见组合，遮光之外还可以营造浪漫情调

◇ 卧室窗帘的色彩既与家具一致，又与床品布艺形成对比，凸显居住者的个性

04 儿童房窗帘

出于对孩子安全健康的考虑，儿童房的窗帘应该经常换洗，所以应选择棉、麻这类便于洗涤更换的窗帘。常见的儿童房窗帘图案有卡通类、花纹类、趣味类等。卡通类的窗帘上通常印有儿童较喜欢的卡通人物或者图案等，色彩艳丽，形象活泼，体现儿童房的欢快气氛。花纹类的窗帘颜色浅淡，印有花卉、树叶或条纹等图案，整体感觉比较素雅，适合女孩房间使用。趣味类的窗帘，在窗帘表面会印制一些迷宫、单词、字母或棋盘等游戏画面使窗帘成为孩子们的娱乐形式之一。

◇ 卡通类图案的窗帘最适合表现轻松欢快的儿童房氛围

◇ 甜美公主房主题的儿童房少不了粉色窗帘的点缀

05 书房窗帘

书房窗帘首先要考虑色彩不能太过艳丽，否则会影响读书的注意力，同时长期用眼，容易疲劳，所以在色彩上要考虑那些能缓解视力疲劳的自然色，给人以舒适的视觉感。其次，书房是居住者学习的场所，主要是营造一种稍显严肃又能够透露出生活气息的氛围，相对卧室而言，更崇尚简约的风格，所以更适合卷帘或百叶窗、垂直帘。

◇ 木质百叶窗既方便调整光线，同时还能营造一种舒适宁静的氛围

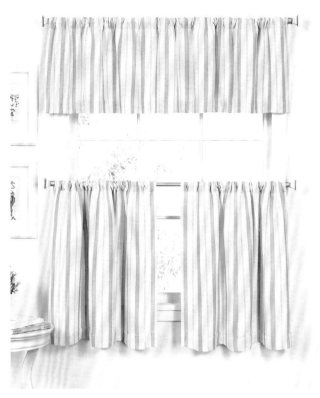

◇ 厨房的窗户中间透光，上下两边安装窗帘，这种形式兼具实用性与装饰性

06 厨房窗帘

厨房窗帘一般有两种材质可以选择，一是百叶窗帘，多以铝合金、木竹烤漆等材质加工而成，在厨房内长时间使用也不会有很大的变化。其次是卷帘窗帘，这类窗帘采用的是聚酯涤纶面料或者玻纤面料，能够防高温、防油污，并且方便卷起放下，实用性很高。

由于布艺窗帘的装饰性强，适合不同风格的厨房，因此也受到不少年轻人的喜爱。设计时可将厨房窗户三等分，上下透光，中间拦腰悬挂上一抹横向的小窗帘，或者中间透光，上下两边安装窗帘。这样一来，不仅保证厨房空间具有充足的光线，同时又阻隔了外界的视线，不做饭的时候就可以放下来，起到美化厨房的作用。

◇ 厨房的窗帘除了考虑美观之外，还应选择耐高温、耐油污的面料

◇ 罗马帘可为欧式风格的卫浴间增彩，但注意应采用具有防水、防潮性能的面料

◇ 卫浴间使用百叶窗除了具有较好的遮光性之外，还具备一定的防水性能

07 卫浴间窗帘

卫浴间较为潮湿，容易滋生霉菌，因此窗帘款式应以简洁为主，好清理的同时也要易拆洗，尽量选择能防水、防潮、易清洗的布料，特别是那些经过耐脏、阻燃等特殊工艺处理的布料。同时，卫浴间也是比较私密的空间，因此朝外的窗帘宜选择遮光性较好的材质，同时具备一定的防水功能。

卫浴间通常以安装百叶窗为主，既方便透光，还能有效保护隐私；上卷帘或侧卷帘的窗帘除了具有防水功能之外，还有花样繁多、尺寸随意的特点，也特别适合卫浴间使用。也有不少家庭会在卫浴间里安装纱帘，虽然纱帘很薄，但其遮光功能还是非常好的。拉上纱帘后，不仅不影响卫浴间的采光，同时还能保证隐私，使用很方便。在所有窗帘中，罗马帘可以说是一种相对美观的窗帘，可以为卫浴间加分不少。但罗马帘也是布艺窗帘中的一种，加上卫浴间的环境偏潮湿，并不适合长期使用。不过目前制作罗马帘的材料也有很多种，可以为卫浴间挑选具有防水、防潮性能的面料。

家具是精装房中体量最大的软装元素。家具的选择与布置是一个复杂的问题。既涉及居室环境的因素，又涉及家具本身的情况。除了考虑家具功能、尺寸、结构的实用性，还要考虑其造型与色彩的美观性等。如何根据空间的格局来安排家具并使之得到平衡与美感，也是精装房软装设计的重中之重。房间的或大或小，形状规则与否，门窗的方位朝向，面面俱到的考量才能得到理想的效果。

第六章

精装房
家具陈设尺寸与
布局
法则

第一节 家具布局的基本原则

01 家具尺寸与空间比例

选择家具不能只看外观，尺寸的合适与否也是很重要的，往往在卖场看到的家具总会感觉比实际的尺寸小。觉得尺寸应该正合适的家具，实际上大一号的情况也时有发生。所以，有必要事先了解家具实物，在掌握家具尺寸后，回去后再认真考虑。其次要按一定比例放置家具。室内的家具大小、高低都应有一定的比例。这不仅是为了美观，重要的是关系到舒适和实用。如沙发与茶几、书桌与书椅等，它们虽然分别是两件家具，使用时却是一个整体。如果大小高低比例不当，既不美观，又不实用、不舒适。

各种家具在室内所占空间，不能超过50%，否则会影响屋内正常空气的流通。如果从美学的角度来讲，一般家具占空间的1/3，应该是最好看的。客厅中沙发所占面积不要超过客厅总面积的1/4，太大了会在视觉上产生一种拥挤感。床与卧室面积比例不宜超过1：2，一味追求大床而忽略与空间的关系，只会适得其反。书房中书柜这种重要家具，因为空间功能性专一，选择时要针对自己已有的书籍和将来要添置的书籍决定书柜的样式大小。书柜与书桌的高度比例也要协调。

◇ 家具在布局前应考虑好与空间的比例关系，形成整体感的同时，让每一处区域分工有序、层次分明

02 家具平面布置与立面布置

家具的平面布置与其立面布置是紧密相关的，不能将二者断然分开。例如，在考虑家具平面布置均衡与合理的同时，还必须从空间布局上加以对比，不能将高大家具并排布置，以免和低矮家具产生强烈的对比，失去高度上的平衡，而应在满足平面布局的基础上，尽可能做到家具的高低相接，大小相配，以形成高低错落的韵律感。

同样，在考虑家具的立面布置时也要兼顾到家具的平面布置。家具应均衡地布置于室内，若一角放置很多家具，而另一角则比较空旷，那么，即使在立面布置上做到了高低错落有致，但在平面布局上也是不能接受的。

每一件家具都有不同的体量感和高低感，无论如何摆放，都要注意大小相衬，高低相接，错落有致。摆在一起的家具，例如一张小巧精致的餐桌，旁边就千万不要摆上过大或过重的家具。如果彼此间的大小、高低和空间体积过于悬殊，肯定会让人觉得别扭。另外，相邻摆放的家具如果起伏过大，同样会给人杂乱无章的视觉印象。

◇ 从立面上看，同一区域内布局的家具应形成高低错落的视觉感

◇ 看似随意布置的家具无论从造型、高度还是色彩上，彼此之间都存在紧密的联系

03 家具布置的二八法则

布置家具时最好忘记品牌的概念，建议遵循二八搭配法则。意思就是空间里 80% 的家具使用同一个风格或时期的款式，而剩下的 20% 可以搭配一些其他款式进行点缀，例如可以把一件中式风格家具布置在一个现代简约风格的空间里面。但有些款式并不能用在一起。例如维多利亚风格的家具，与质朴自然的美式乡村家居格格不入，但和同样精致的法式、英式或东方风格的传统家具搭配时就很搭调；而美式乡村风格的家具和现代简约风格的家具就可以搭配在一起。

◇ 在新中式客厅中出现后现代风格的茶几与单椅，制造视觉焦点，家具混搭布置时应注意不同风格款式的比例

04 家具布局的活动空间与活动路线

创造活动空间

活动空间指的是人做一系列动作时所必需的空间。在家具周围进行一系列动作时，就需要一些空间。如果只依照"家具本身是否能放进这块地方"来做判断，房间内就会没有通行的空间。例如拉开餐椅，后面的空间可否供人通行；衣柜摆放在床边，而且距离十分近，首先考虑衣柜的门是否可以完全打开，下床的人是否不小心会碰到衣柜；又或者是大门后设置鞋柜，鞋柜太大，导致大门无法完全开启，大门挡着鞋柜门的开启，这些就是没有计算好活动空间的结果。其中床边的空间最容易被忽视，不仅开关窗需要一定的空间，窗帘较为厚重时，收起时造成褶皱宽度也会占到 20cm 左右的空间，在放置家具时，需要为其留出余地。

普通的抽屉在打开时，需要留出 90cm 的空间；沙发与茶几之间的距离以 30cm 为宜。过道至少要留出 50cm 宽的空间。考虑到端着盘子或是抱着换洗衣物的情况，最好要留出 90cm 左右宽度的空间通过。

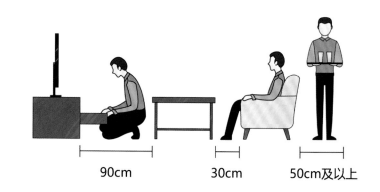

90cm   30cm   50cm及以上

制定活动路线

在生活中，房间的舒适程度与人能否活动方便直接相关。例如做饭时在厨房到餐厅之间走动、晾衣服时在卫浴间和阳台之间走动，为更有效率地进行这些活动，需要制定活动路线，让人能最方便地到达想去的房间内的每个地方。空间大小，包括平面面积和空间高度，空间相互之间的位置关系和高度关系，以及家庭成员的身心状况、活动需求、习惯嗜好等都是动线设计时应考虑的基本因素。

在精装房中，有很多限制家具位置的因素，所以活动路线容易集中到一个方向，如果家庭成员同时进行不同的活动时，就可能发生碰撞，这样会影响到日常生活的顺利进行。为了确保每个人都有方便自己的活动路线，可以将家具集中在房间的一个位置，设计出一个开放的空间，有时还需要有尽可能不放置家具的决心。

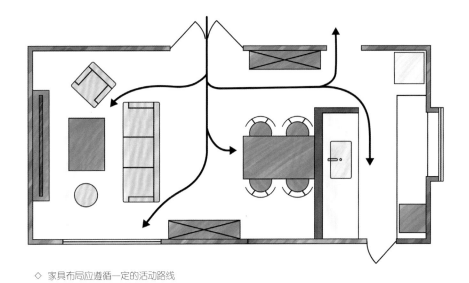

◇ 家具布局应遵循一定的活动路线

如果在两个矮家具之间走动的时候，上身可以自由转动，只需留出 50cm 以上的宽度空间就可以；如果是一侧有墙或是高家具的话，过道则最窄不可低于 60cm。

05 家具布局的视线调整

在室内设计中，选择较低的家具来收纳物品时，向前或者向后看的视线都不会被遮挡，这样就会感觉空间比实际的空间面积更宽敞。同时还要注意将高家具摆放在房间角落或者靠墙位置，这样不会给人压迫感。

布置家具时，立体方位也是一个重点。坐在餐桌旁边时，如果能看见厨房的整个水槽，或者看见厨房摆放的杂乱东西，可能会心情不畅快。在这种情况下，只需改变一下餐桌的朝向，使视线避开水槽就可以了。此外，坐在椅子上时，进入眼帘的景观也需要考虑；坐在沙发上时，餐厅桌椅下的脚是否可以看到，杂乱

的厨房是否能够看到，这些问题也需要提前规划。要尽量让视线向窗外或墙面的装饰画上集中，然后据此配置各种椅子类的家具。

坐在沙发上所能看到的视线范围能对房间的舒适度和开阔度起到决定性的作用，所以应当在沙发的朝向布置上多花心思。可在视线方向放一些艺术品或是装饰物，将人的目光引导过去，也可以将视线引向室外，凸显房间的宽敞感。

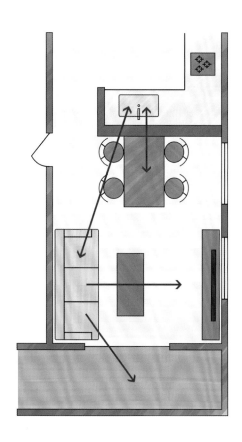

坐在沙发上直视只能看到厨房一小处，同时也可以看到室外，给人以恰到好处的开阔感

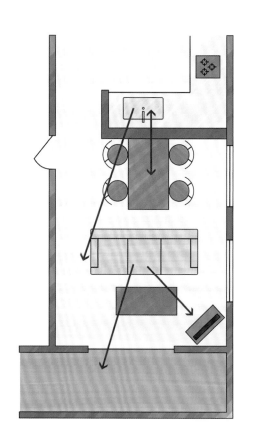

从厨房可以看到餐厅与客厅的状况，但坐在沙发上却看不到厨房，通常房间内空间不足时，可将视野向室外引导

第二节 精装房家具的色彩搭配

01 家具色彩的主次关系

主体色家具主要是指在室内形成中等面积色块的大型家具，具有重要地位，通常是空间中的视觉中心。不同空间的主体有所不同，因此主体色也不是绝对性的。例如，客厅中的主体色家具通常是沙发，餐厅中的主体色家具可以是餐桌也可以是餐椅，而卧室中的主体色家具一定是床。

一套家具通常不止一种颜色，除了具有视觉中心作用的主体色之外，还有一类作为配角的衬托色，通常安排在主体色家具的

旁边或相关位置上，如客厅的单人沙发、茶几，卧室的床头柜、床榻等。

点缀色家具通常用来打破单调的整体效果，所以如果选择与主体色家具或配角色家具过于接近的色彩，就起不到点睛的作用。为了营造出活力的空间氛围，点缀色家具最好选择高纯度的鲜艳色彩。室内空间中，点缀色家具多为单人椅、坐凳或小型柜子等。

CMYK
95 86 36 3

CMYK
19 95 56 0

CMYK
20 60 20 0

点缀色家具

主体色家具

衬托色家具

02 家具材质与色彩的关系

　　同种颜色的同一种家具材质，选择表面光滑与粗糙的进行组合，就能够形成不同明度的差异，能够在小范围内制造出层次感。玻璃、金属等给人冰冷感的材质被称为冷质家具材料，布艺、皮革等具有柔软感的材质被称为暖质家具材料。木质、藤等介于冷暖之间，被称为中性家具材料。暖色调的冷质家具材料，暖色的温暖感有所减弱；冷色的暖质家具材料，冷色的感觉也会减弱。

　　不同材质的家具在色彩搭配时应遵循一定的规律。例如藤制家具由自然材质制成，多以深褐色、咖啡色和米色等为主，属于比较容易搭配的颜色。如果不是购买整套家具，则需要与家具空间的颜色相搭配。深色空间应选择深褐色或咖啡色的藤艺家具；浅色的藤艺家具比较适合用在浅色家居空间。

暖质家具材料

冷质家具材料

中性家具材料

03 家具色彩搭配技法

　　精装房家居室内空间中除了墙面、地面、顶面之外，最大的就是家具的颜色面积，整体配色效果主要是由这些大色面组合在一起形成的，单一地考虑哪个颜色往往达不到和谐统一的整体配色。

　　如果不想改变精装房空间的硬装色彩，那么家具的颜色可与墙、地面的颜色进行搭配。例如将房间中大件的家具颜色靠近墙面或者地面，这样就保证了整体空间的协调感。小件的家具可以采用与背景色对比的色彩，从而制造出一些变化。既增加整个空间的活力，又不会破坏色彩的整体感。

◇ 与墙面色彩融为一体的家具保证了整体空间的协调感

CMYK
48 33 85 0

另一种方案是将主色调与次色调分离出来。主色调是指在房间中第一眼会注意到的颜色。大件家具按照主色调来选择，尽量避免家具颜色与主色调差异过大。在布艺部分，可以选择次色调的家具进行协调，这样显得空间更有层次感，主次分明。

还有一种方案是将房间中的家具分成两组，一组家具的色彩与地面靠近，另一组则与墙面靠近，这样的配色很容易达到和谐的效果。如果感觉有些单调，那就通过一些花艺、抱枕、摆件、壁饰等软装元素的鲜艳色彩进行点缀。

◇ 家具与墙面色彩形成对比，增加活力感

 CMYK
88 57 15 0

 CMYK
33 98 100 0

 CMYK
80 17 87 0

 CMYK
15 25 88 0

04 家具单品色彩搭配

不同的家具单品在空间中起到各自相应的作用，在搭配时应遵循一定的配色规律，才能打造出理想的空间氛围。例如运用相似色搭配家具可以营造协调统一的气氛，运用对比色搭配家具可以营造出活力跳跃的气氛。

沙发色彩

如果客厅墙面四白落地，选择深色面料会使室内显得洁净安宁、大方舒适。对于小户型来说，可以选择图案细小、色彩明快的沙发面料，采用白色沙发作为小客厅的家具是很明智的选择，它的轻快与简洁会给空间一种舒缓的氛围。素色沙发不受风格局限，只要简单搭配一些摆件或墙饰，就能变换风格。大花图案的沙发不太容易驾驭，但却是设计家居亮点的首选。特别是在留白处理的客厅空间里，增加图案抢眼的沙发，以色彩来丰富空间的表情，可以营造不一样的居家氛围。如果为了稳妥起见，白色或灰色是最佳的百搭选择，这两种是最不容易出错的颜色。但是白色不耐脏，所以淡灰色或者深灰色是比较好的选择。

◇ 灰色系列的沙发比较百搭，适合多种风格的客厅空间

CMYK
45 35 28 0

◇ 素色沙发让人感受到轻松和舒适感，但应注意其他软装饰品的合理搭配

CMYK
58 56 55 0

茶几色彩

在选择茶几色彩的时候需要考虑沙发与地面的颜色。通常如果地面是瓷砖，那么茶几就应该和沙发是同一色调或者相反色调。如果客厅地面是木地板，那么茶几的色调应该以沙发的近似色或者浅色为主。

通常茶几都是使用中性色调，这样看起来未免有些单调乏味。其实不妨大胆尝试一下鲜艳色彩，让它和沙发形成对比色调。可以根据抱枕的颜色使用相同色系，这样在整体上虽然有撞色，但是又不会太突兀。

CMYK	CMYK
15 19 66 0	85 67 53 8

◇ 明黄色的茶几与沙发形成撞色，起到画龙点睛的装饰作用

◇ 中性色调的茶几适合搭配多种风格的沙发

CMYK
0 0 0 100

单人椅色彩

椅子像家居场景中的点睛配饰，使用起来也特别灵活，可以用来放置物品、装饰或是充当配色元素。单人椅因其圈背造型的不同，在空间的运用上也有不同的功能用途：高背式单人椅适合居家使用，能传递出休闲轻松的居家氛围；流线造型、色彩对比强烈、具有视觉美感的单人椅十分适合现代风格空间；休闲椅、躺椅、摇椅等适合置放在空间一角或阳台。软装布置中常用单椅的色彩来调节家居空间，撞色是最常见的用法，能够马上给空间带来立体感。

◇ 在色调素雅的客厅空间中，一把高纯度色彩的单椅可以起到很好的点缀作用

CMYK
0 31 65 0

◇ 单人椅既能营造轻松休闲的氛围，又能作为家居空间中的点睛元素

CMYK
73 53 81 10

第三节 精装房家具类型选择

01 家具风格

不同风格的精装房适合选择相应风格的家具，家具的风格是通过色彩、造型、质感等反映出来的总特征，或典雅古朴，或端庄大方，或奇特新颖。随着新材料、新工艺的不断涌现，家具的新风格也相应地不断形成。

北欧风格家具

北欧风格家具常选用桦木、枫木、橡木、松木等不曾精加工的木料，尽量不破坏原本的质感。造型尺寸以低矮为主，将各种符合实际的功能融入简单的造型之中，从人体工程学角度进行考量与设计，强调家具与人体接触的曲线准确吻合，使用起来更加舒服。

工业风格家具

工业风格的空间可选择有金属、皮质和铆钉等材质和构件的家具，例如皮质沙发搭配海军风的木箱子、航海风的橱柜、Tolix 椅子等。桌几常使用回收旧木或是金属铁件，质感上较为粗犷，茶几或角几在挑选上应与沙发材质有所呼应，皮革沙发通常有金属脚的结构。

东南亚风格家具

东南亚风格家具通常取材自然，常见的有水草、海藻、木皮、麻绳、椰子壳等粗糙、原始的纯天然材质。在色泽上保持自然材质的原色调，大多为褐色等深色系，在视觉上给人以质朴自然的气息。在工艺上以纯手工编织或打磨为主，完全不带一丝工业化的痕迹。

地中海风格家具

　　地中海风格的家具通常以经典的蓝白色出现，其他多以古旧的色泽为主，一般多为土黄色、棕褐色、土红色等，线条简单且修边浑圆，而且往往会有做旧的工艺，展现出风吹日晒自然之美。材质上最好选择实木或者藤类，此外独特的锻打铁艺，也是地中海风格家具的特征之一。

巴洛克风格家具

　　巴洛克风格家具利用多变的曲面，采用花样繁多的装饰，做大面积的雕刻，或金箔贴面，或描金涂漆，显得金碧辉煌，并在坐卧类家具上大量应用面料包覆，表达出热情浪漫的艺术效果。

洛可可风格家具

　　洛可可风格家具的特点是在巴洛克风格家具的基础上进一步将优美的艺术造型与功能的舒适效果巧妙地结合在一起，通常以优美的曲线框架，配以织锦缎，并用珍木贴片、表面镀金装饰，不仅在视觉上形成极度华贵的整体感觉，而且在实用和装饰效果的配合上也达到了空前完美的程度。

新古典风格家具

　　新古典风格家具虽有古典家具的曲线和曲面，但少了古典家具的雕花，又多用现代家具的直线条，更加符合现代人的审美以及生活。这类家具常常被漆上黑色或深色油漆，并带有镀金细部。直的家具腿代替了弯腰并由上而下逐渐收缩，垂直的装饰性凹槽和螺旋形起到了突出直线感的作用。

新中式风格家具

新中式风格家具将传统中式家具的意境和精神象征保留下来，摒弃了传统中式家具的繁复雕花和纹路，多以线条简练的仿明式家具为主，但同时会引用一些经典的古典家具，如条案、靠背椅、罗汉床等，有时也会加入陶瓷鼓凳的装饰，实用的同时起到点睛作用。

古典中式风格家具

古典中式风格家具以明清家具为代表。明清两代是我国家具工艺发展的顶峰，现在的新仿品也大都参照这些样式。明式家具的质朴典雅，清式家具的精雕细琢，都达到了一定的艺术高度。明清家具最显著的特征就是万字纹和回形纹，在家具脚的处理上多采用马蹄形。

美式乡村风格家具

美式乡村风格家具大多为让人感觉笨重且深色的实木家具，风格偏向古典欧式。家具表面通常特意保留树木成长过程中的树瘤与蛀孔，并以手工做旧制造岁月的痕迹。沙发材质可以是布艺的，也可以是纯皮的，还可以两者结合，地道的美式纯皮沙发往往会用到铆钉工艺。

现代简约风格家具

现代简约风格的家具通常线条简单，沙发、床、桌子一般都为直线，不带太多曲线，造型简洁，强调功能，富含设计感。在材质方面会大量使用钢化玻璃、不锈钢等新型材料作为辅料，这也是现代风格家具的装饰手法。

家具材质

真皮家具	室内空间中使用最多的真皮家具通常是沙发，真皮沙发分为全皮沙发和半皮沙发。全皮沙发指所有皮料均为真皮，部分品牌背面用的二层皮；半皮沙发指接触面为真皮，其他部位为人造皮。市面上的皮革按质地大致可分为全青皮、半青皮、压纹皮、裂纹皮四种。前两种虽然质量上乘，但价格高昂，后两种价格相对便宜。	
布艺家具	布艺家具应用最广，其最大的优点就是舒适自然，休闲感强，容易令人体会到家居放松感，可以随意更换喜欢的花色和不同风格的沙发套，而且清洗起来也很方便。布艺家具布料种类多，丝质、绸缎布料的家具典雅、华贵，灯芯绒制作的家具显得沉实、厚重。	
板式家具	板式家具是指基本材料采用人造板，使用五金件连接而成的家具，一般款式简洁，比较节省空间。板式家具的价格相对其他类型便宜一些，而它的颜色和质地主要依靠贴面的效果，因此变化很多，可以给人以各种不同的感受，十分适合小居室。	
实木家具	实木家具由天然木材制成，一般能够看见木材美丽的花纹，表面通常涂饰清漆或亚光漆等来表现木材的天然色泽。实木家具在加工制作的过程中，和那些人造板的家具相比，用胶量是相当少的。所以天然环保是其最大的特点。	
藤制家具	藤制家具属于目前世界上最为古老的家具类型之一。很久之前，人们都会选择藤类来制作各种类型的家具。藤制家具具有色泽素雅、造型美观、结构轻巧、质地坚韧、淳朴自然等优点，多用于阳台、花园、茶室、书房、客厅等处。	
玻璃家具	玻璃材质的家具看起来薄而轻，具有晶莹剔透的感觉，不仅具有很好的实用性，而且还不易变形，抗老化等。在居室面积较小的房间中，最适合选用玻璃家具，因为玻璃的通透性，可减少空间的压迫感。	
金属家具	以金属管材、板材或钢材等作为主架构，配以其他材料而制成的家具或完全由金属材料制作的铁艺家具，统称金属家具。钢木家具是金属家具中的一个种类。金属家具可以很好地营造精装房中不同房间所需要的不同氛围，使得家居风格多元化，并富有现代气息。	

第四节 精装房空间家具陈设尺寸

01 玄关家具

　　入户玄关柜是放置鞋子、包包等物品的地方，具备一定的储物功能。通常会放在大门入口的两侧，至于具体是左边还是右边，可以根据大门的推动方向，也就是大门开启的方向来定。一般柜子应放在大门打开后空白的那面空间，而不应藏在打开的门后。

　　入户鞋柜不建议选择顶天立地的款式，做个上下断层的造型会比较实用，分别将单鞋、长靴、包包和零星小物件等分门别类，同时可以有放置工艺品的隔层，上面可以陈设一些小物件，如镜框、花器等提升美感，给客人带来良好的第一印象。

　　入户玄关柜不到顶的正常高度为850~900mm；到顶的为了避免过于单调分上下柜安置，下柜高度同样是850~900mm，中间镂空350mm，剩下是上柜的高度尺寸，鞋柜深度根据中国人正常鞋码的尺寸不小于350mm。

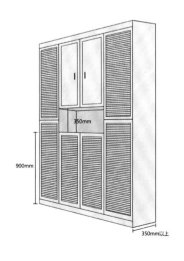

◇　玄关柜被设计成上下断层的形式更为实用，中间的隔层可用来摆放工艺品和钥匙等零散小物件

在换鞋凳这个问题上，因为使用者的身高不一致，适合使用的换鞋凳的高度也不太一样。如果身高过高或是过矮的话，可以考虑定做换鞋凳，如果觉得大众化的高度坐着也很舒服，购买成品换鞋凳比较方便。如果家庭中有小孩，可以考虑孩子的身高，在凳的设计上做两个高低凳台面，一个供大人坐着使用，另一个低的凳面可以专用于孩子换鞋。

◇ 选择成品的换鞋凳较为方便，但购买前应先了解适合使用者的高度

◇ 如果考虑定做换鞋凳，可考虑把收纳功能纳入其中

换鞋凳的长度和宽度相对来说没有太多的限制，可以随意一些，一般尺寸为 40cm×60cm 较为常见，也有 50cm×50cm 的小方凳或者 50cm×100cm 的长方形换鞋凳。高度是以人的舒适性为标准来选购或是定制，通常 60~80cm 的高度最为舒适。

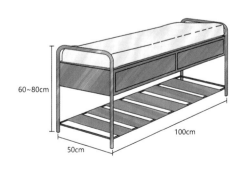

02 客厅家具

客厅在日常生活中是使用最为频繁的功能空间，是会客、聚会、娱乐、家庭成员聚谈的主要场所。客厅家具的选择与摆设，既要符合功能区的环境要求，同时要体现自己的个性与主张，还要让客人或家人在这里能有一个安心舒适的休闲娱乐空间。

沙发

一般来说沙发类的室内家具标准尺寸数据并不是一成不变的，根据沙发的风格，所设计出来的沙发尺寸略有差异。室内家具标准尺寸最主要的依据是人体尺度，如人体站姿时伸手最大的活动范围，坐姿时的小腿高度和大腿的长度及上身的活动范围，睡姿时的人体宽度、长度及翻身的范围等都与家具尺寸有着密切的关系。沙发的尺寸也是根据人体工程学确定的。通常单人沙发尺寸宽 80~90cm，双人沙发宽 160~180cm，三人沙发宽 210~240cm。深度一般都在 90cm 左右。

沙发的座高应该与膝盖弯曲后的高度相符，这样才能让人感觉舒适，通常沙发座高应保持在 35~42cm。沙发按照靠背高度可分为低背沙发、普通沙发和高背沙发三种类型：

低背沙发靠背高度较低，一般距离座面 37cm 左右，靠背的角度也较小，不仅有利于休息，而且挪动比较方便、轻巧，占地较小。

普通沙发是最常见的一种，此类沙发靠背与座面的夹角很关键，沙发靠背与座面的夹角过大或过小都将造成使用者的腹部肌肉紧张，产生疲劳。座面的宽度一般要求在 54cm 之内，这样可以随意调整坐姿，让人休息得更舒适。

高背沙发又称为航空式座椅，它的特点是有三个支点，使人的腰、肩部、后脑同时靠在曲面靠背上，十分舒服。同时高背沙发由于其体量较传统沙发大，与传统沙发放置在一起，能够很好地形成差异，增加家具间的层次感。

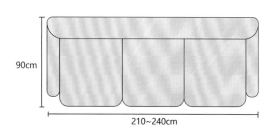

◇ 三人沙发

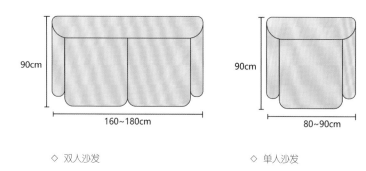

◇ 双人沙发　　◇ 单人沙发

◇ 低背沙发

◇ 普通沙发

◇ 高背沙发

通常沙发会依着客厅主墙而立，所以在挑选沙发时，就可依照这面墙的宽度来选择尺寸。一般主墙面的宽度在400~500cm，最好不要小于300cm，而对应的沙发与茶几的总宽度则可为主墙宽度的3/4，也就是宽度为400cm的主墙可选择约250cm的沙发与50cm的角几搭配使用。

人坐在沙发上观看电视的高度取决于座椅的高度与人的身高，通常电视机中心点在离地80cm左右的高度最适宜。沙发与电视机的距离则依电视机屏幕尺寸而定，也就是电视机屏幕对角线长度的3~5倍为所需观看距离。例如电视机对角线尺寸为101.6cm（40英寸）时，其最佳观看距离为：101.6×4=406.4cm。

◇ 根据墙面宽度选择沙发尺寸

◇ 人坐在沙发上观看电视的最佳距离

+ 五种沙发布局方案

一字形

将沙发沿客厅的一面墙摆开呈一字状，前面放置茶几。这样的布局能节省空间，增加客厅的活动范围，非常适合小户型空间。如果沙发旁有空余的地方，可以再搭配一到两个单椅或者摆上一张小角几。

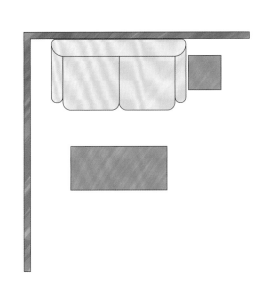

L 形

先根据客厅实际长度选择双人或者三人沙发，再根据客厅实际宽度选择单人扶手沙发或者双人扶手沙发。茶几最好选择长方形的，角几和散件则可以灵活选择要或者不要。

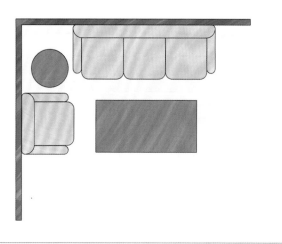

U 形

U 形摆放的沙发一般适合面积在 40m² 以上的大客厅，而且需为周围留出足够的过道空间。一般由双人或三人沙发、单人椅、茶几构成，也可以选用两把扶手椅，要注意座位和茶几之间的距离。

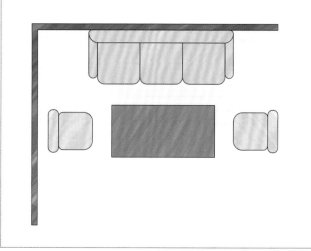

面对面形

将客厅的两个沙发对着摆放，适合不爱看电视的居住者。如果客厅比较大，可选择两个比较厚重的大沙发对着摆放，再搭配两个同样比较厚实的脚凳。比较狭长的小客厅，可以选择两个小巧的双人沙发对着摆放。

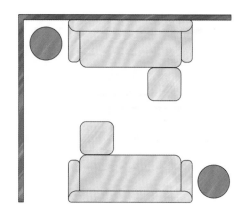

围合形

以一张大沙发为主体，再为其搭配多把扶手椅，形成一个围合的方形。因为四面都摆放家具，所以家具变化的形式和种类也就非常多。比如三人或双人沙发、单人扶手沙发、扶手椅、躺椅、榻、矮边柜等，都能根据实际需求随意搭配使用。

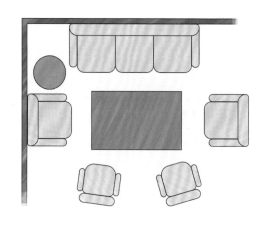

茶几

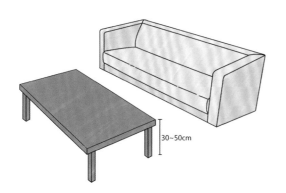

茶几高度大多是 30~50cm，选择时要与沙发配套设置，例如狭长的空间放置宽大的正方形茶几难免会给人过于拥挤的感觉，大型茶几的平面尺寸较大，高度就应该适当降低，以增加视觉上的稳定感。如果找不到合适的茶几高度，那么宁可选择矮点的高度，也不要选择高的茶几。高茶几不但会阻碍人们的视线，而且不便于人们放置物品，比如茶杯、书籍等。

茶几的长度为沙发的 5/7~3/4；宽度要比沙发多出 1/5 左右最为合适，这样才符合黄金比例。

◇ 茶几是客厅中不可或缺的小家具，具备装饰与实用的双重功能

对于没有扶手的沙发来说，茶几高度有两种选择方案。一是茶几的高度大概与沙发扶手等高；二是茶几的高度等于沙发的座面高度。可以根据自己的喜好和空间的整体布局来任意选择其中一种方案。

茶几摆设时要注意动线顺畅，与电视墙之间要留出 75~120cm 的走道宽度，与主沙发之间要保留 35~45cm 的距离，而 45cm 的距离是最为舒适的。

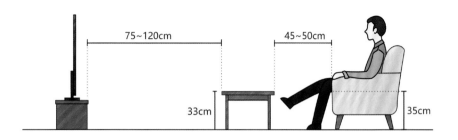

座位低而舒适的休闲沙发，与茶几之间的距离需要留出腿能伸出的空间

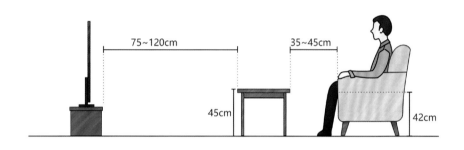

座位高的沙发让人坐得更加规矩，与茶几之间的距离可以相应缩小，方便拿取物品

茶几的造型多种多样，就家用茶几而言，一般分为方形或圆形。方形茶几给人稳重实用的感觉，使用面积比较大，而且比较符合使用习惯，通常适合中式风格、美式风格、欧式风格家居。圆形茶几小巧灵动，更适合打造一个休闲空间。在北欧风、现代风以及简约风家居中，圆形茶几为首选。

茶几还分为双层和单层，如果有一对或几对单人沙发，可以选单层茶几，不显得过于复杂和突兀。如果用双人沙发、三人沙发，并且茶几不单只想用来放放茶具、书籍等，还想让它更具实用功能则可以选购双层、三层或带抽屉的茶几，等于为客厅多准备了一个收纳空间。

◇ 圆形茶几

◇ 方形茶几

◇ 单层茶几

◇ 双层茶几

角几

角几是客厅中比较常见的一种家具，它一般都是正方形或者圆形，摆放在两个沙发之间，既可以在上面摆放一些小东西，也可以作为装饰物出现。小户型客厅中经常选择角几代替茶几放置物品，例如台灯、手机、杂志报纸等。若挑选得好，与沙发搭配和谐，更加具有装饰作用；如放一盏台灯，就能增加空间气氛，用途十分广泛。

在选购合适的角几之前，先要确定好尺寸大小。一般角几的规格包括 60cm×45cm×60cm、58cm×58cm×64cm 等，主要在长宽方面有变化，高度上一般在 55~67cm 的范围内，主要依据自家沙发大小来确定。高背沙发可以搭配相对高点的角几，低背的沙发搭配相对低点的角几。

◇ 角几可以填补客厅的死角，同时用来摆设台灯、插花及各类小摆件

角几通常分为储物型和装饰型两种类型。

储物型角几带有明显的储物功能，抽屉的使用可以摆放一些小的物件，台面位置无论是摆放精美台灯还是装饰花都是不错的选择，此类角几尺寸不易过大，防止视觉效果过于笨重。

装饰型角几常见于欧式风格或现代风格家居中，搭配一些装饰线条，可以将整个空间氛围表达得很好。此类角几的实用性没有储物型角几好，仅可用台面和中空部分，但其装饰效果却大于储物型角几。

◇ 储物型角几

◇ 装饰型角几

电视柜

电视柜是客厅不可或缺的装饰部分，在风格上要与空间内的其他陈设保持协调一致。一般美式风格家居都选择造型厚重的整体电视柜来装饰整面墙，简约风格家居的客厅则常选用悬挂式电视柜。选择合适尺寸的电视柜主要考虑电视机的具体尺寸，同时根据房间大小、居住情况、个人喜好来决定电视机采用挂式或放置在电视机柜上。

对于小户型的客厅，电视组合柜是非常实用的，这种类型的家具一般都是由大小不同的方格组成，上部比较适合摆放一些工艺品，柜体厚度至少为 30cm；而下部摆放电视的柜体厚度则至少为 50cm。

电视柜的尺寸要根据电视机的大小来决定。一般电视柜的长度要比电视机的宽度至少要长 2/3，这样才可以营造一种比较合适的视觉感，让人看电视时可以把注意力集中到电视机上面。

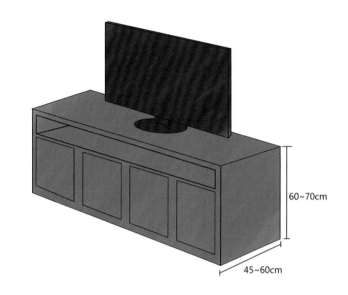

60~70cm

45~60cm

◇ 电视柜形式多样，一方面应根据装饰风格进行选择，另一方面在尺寸上也应符合空间比例

矮柜式电视柜

矮柜式电视柜是家居生活中使用最多、最常见的电视柜，根据摆放电视机那面墙的长度以及房间的风格，有很多种样式可供选择。矮柜式电视柜的储物空间几乎是全封闭的，而且方便移动，只占据极少的空间就能起到很好的装饰效果。

悬挂式电视柜

悬挂式电视柜的特点是悬挂在墙上与背景墙融为一体。更多的时候，悬挂式电视柜的装饰作用超过了实用性，并且使得整个空间环境变得宽敞起来。有些悬挂式电视柜还兼具收纳柜的作用，既节省了空间又增加了储物功能。

组合式电视柜

组合式电视柜的特点是可以和酒柜、装饰柜、地柜等柜子组合在一起，虽然比较占用空间，但具有更实用的收纳功能。定做之前应先仔细测量客厅面积，根据整个空间，明确组合柜的摆放位置和尺寸。

单人椅

单人椅一般是客厅家具的一部分，摆完沙发之后，通常就是单人椅的配置，因为单人椅能立即在空间内营造出不同个性。主要座位区范围里的每把椅子，都要放在手能伸到茶几或边桌的距离内。

长方形的客厅内，单椅可以放置在沙发的左右两侧，但若左侧是门的入口，建议不要摆放单椅。正方形的客厅内，摆放单椅时只要不挡住动线就可以，和单人沙发、长沙发一起按照三角形的方式摆放，单椅、单人沙发甚至跨出客厅空间的框线都不要紧，可以扩大空间感。

单人椅可以选择与沙发不同的颜色和材质，装点客厅彩度，活泼氛围。中小户型客厅中最常用的形式是一字形沙发配两把单椅，而且两把单椅也不要一样。

+ 集叁设计

◇ 单椅通常是客厅中最具个性的家具，无论是造型或是色彩都能脱颖而出

贝壳椅

贝壳椅是丹麦大师 Hans J. Wegner 的经典代表作之一，椅座和椅背的设计形似拢起的贝壳，由于其优美的弧度能轻柔地包裹身躯，因此还可以起到缓解疲劳的作用。

天鹅椅

天鹅椅于 1958 年由丹麦设计师雅各布森设计，其流畅的雕刻式造型与北欧风格的传统特质加以结合，展现出了简约时尚的生活理念。

Y 形椅

Y 形椅由椅子设计大师 Hans J. Wegner 设计，其名字源于其椅背的 Y 形设计。此外，Y 形椅的设计灵感还借鉴了明式家具，其造型轻盈而优美，不仅实用还非常美观。

蛋椅

蛋椅采用了玻璃钢的内坯，外层是羊毛绒布或者意大利真皮，内部则填充了定型海绵，增加了使用时的舒适度，而且耐坐不变形。此外，加上精心设计的扶手与脚踏，使其更具人性化。

中国椅

由 Hans J. Wegner 在 1949 年设计，灵感来源于中国圈椅，从外形上可以看出是明式圈椅的简化版，唯一明显的不同是下半部分，没有了中国圈椅的鼓腿彭牙、踏脚枨等部件，符合其一贯的简约自然风格。

孔雀椅

孔雀椅由丹麦著名的设计师汉斯维纳所设计，它具有后现代主义的仿生特征，由于其椅背形似孔雀，因而得名。孔雀椅的灵感源泉是 17 世纪流行于英国的温莎椅，经过独特创新的思维，将其重新定义并设计出更为坚固的整体结构。

◇ 圆形餐桌在中国传统文化中具有团圆的美好寓意

03 餐厅家具

餐厅里面的家具主要以餐桌椅为主，一个餐厅的餐桌椅最重要的就是尺寸问题，因为如果餐桌较高而餐椅不配套，就会令人坐得不舒服，影响就餐心情。一般餐桌椅都是按照餐厅的空间大小来确定的。

餐桌

为了搭配格局，餐桌的形状发展出圆形、正方形和长方形，无论何种样式，餐桌高度都在 75~80cm 之间。

正方形桌面的单边尺寸 75~120cm 不等。长方形桌面尺寸则是四人座 120cm × 75cm，六人座约 140cm × 80cm。如果不是扶手椅，餐椅可伸入桌底，即便是很小的角落，也可以放一张六座位的餐桌，用餐时，只需把餐椅拉出一些就可以了。注意餐桌宽度不宜小于 70cm，否则，对坐时会因餐桌太窄而互相碰脚。

圆桌方便用餐者互相对话，人多时可以轻松挪出位置，同时在中国传统文化中具有圆满和谐的美好寓意。圆桌大小可依人数多少来挑选，适用两人座的直径为 50~70cm，四人座的为 85~100cm。如果用直径 90cm 以上的餐桌，虽可坐多人，但不宜摆放过多的固定椅子。

◇ 正方形餐桌通常用于小户型的餐厅空间

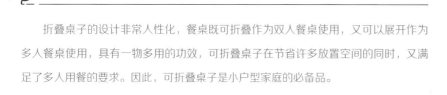

折叠桌子的设计非常人性化，餐桌既可折叠作为双人餐桌使用，又可以展开作为多人餐桌使用，具有一物多用的功效，可折叠桌子在节省许多放置空间的同时，又满足了多人用餐的要求。因此，可折叠桌子是小户型家庭的必备品。

◇ 长方形餐桌比较常见的是四人座和六人座

餐厅家具的摆放在设计之初就要考虑到位，餐桌与餐厅的空间比例一定要适中，尺寸、造型主要取决于使用者的需求和喜好，通常餐桌大小不要超过整个餐厅的三分之一是常用的餐厅布置法则。摆设餐桌时，必须注意一个重要的原则：留出人员走动的动线空间。通常餐椅摆放需要 40~50cm，人站起来和坐下时需要距离餐桌 60cm 左右的空间，从坐着的人身后经过，则需要距餐桌 100cm 以上。

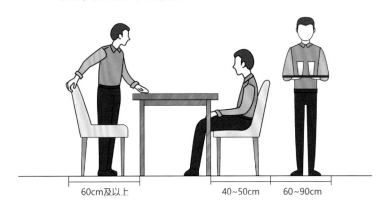

+ 三种餐桌布局方案

餐桌居中布局

在考虑餐桌的尺寸时，还要考虑到餐桌离墙的距离，一般控制在 80cm 左右比较好，这个距离是包括把椅子拉出来，以及能使就餐的人方便活动的最小距离。

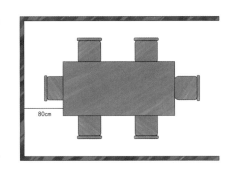

餐桌靠墙布局

有些小户型的精装房中，为了节省餐厅极其有限的空间，将餐桌靠墙摆放是一个很不错的方式，虽然少了一面摆放座椅的位置，但是却缩小了餐厅的范围，对于两口之家或三口之家来说已经足够了。

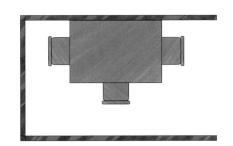

餐桌在厨房中布局

要想将就餐区设置在厨房，需要厨房有足够的宽度，通常操作台和餐桌之间，甚至会有一部分留空，可折叠的餐桌是一种不错的选择。可以选择靠墙的角落来放置，这样既节省空间又能利用墙面扩展收纳空间。

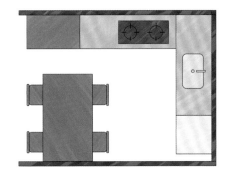

餐椅

　　餐椅的座高一般为 38~43cm，宽度为 40~56cm，椅背高度为 65~100cm。餐桌面与餐椅座高差一般为 28~32cm，这样的高度差最适合吃饭时的坐姿。另外，每个座位也要预留 5cm 的手肘活动空间，椅子后方要预留至少 10cm 的挪动空间。若想使用扶手餐椅，餐椅宽度再加上扶手则会更宽，所以在安排座位时，两把餐椅之间约需 85cm 的宽度，因此餐桌长度也需要更大。

　　空间足够大的独立式餐厅，可以选择比较有厚重感的餐椅以与空间相匹配。中小户型中的餐厅如果希望营造别样的就餐氛围，可以考虑用卡座的形式替换掉部分的餐椅。同时，由于卡座内部具有储藏功能，还起到了增强空间收纳的作用。

　　一般来说，卡座的靠背高度为 85~100cm，坐垫高度为 40~45cm，靠背连同坐垫的深度为 60~65cm，不同的款式对卡座尺寸也会有一些影响，上下波动在 20cm 之间。

餐椅常规尺寸

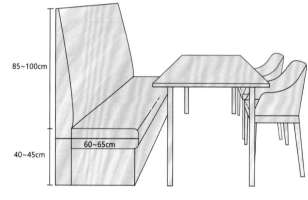

卡座常规尺寸

餐边柜

　　餐边柜主要放置家中的一些餐具、酒类、饮料类，以及临时放汤和菜肴用，也可以置放家中客人的各种小物件，方便日常存取。对于餐厅面积较大的空间，可以考虑选择体积高大的餐边柜；而对于餐厅面积稍小的精装房，要重点考虑餐边柜的储物功能和节省空间。一般建议选择窄而长的墙面式餐边柜，这样悬空的设计可以减少地面占用空间，产生空间更大的视觉效果，而且比一般的餐边柜薄，也不会产生空间的压迫感。由于柜体做得稍长，因此虽然宽度窄一些，却并没有过多影响储物功能。

　　餐边柜的尺寸应根据餐厅的大小进行设计，长度可以根据需要制作，深度可以做到 40~60cm，高度 80cm 左右，或者可以做成高度 200cm 左右的高柜，又或者直接做到顶，增加储物收纳功能。

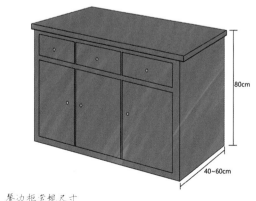

餐边柜常规尺寸

低柜式餐边柜

　　降低视觉重心的低矮度家具，具有放大空间的效果，使空间的视野更加开阔。这类高度的餐边柜很适合放置在餐桌旁，柜面上的空间还可用来展示各类照片、摆件、餐具等。

半高柜式餐边柜

　　半高柜形式的餐边柜收放自如，中部可镂空，沿袭了矮柜的台面功能，上柜一般做开放式比较方便常用物品的拿取。

整墙式餐边柜

　　一柜到顶的设计利用了整面墙，不浪费任何空间，大大增加收纳功能。上下封闭，中间镂空，根据需求可以有多种形式设计。空格的部分缓解了拥堵感，可以摆设旅游纪念品和小件饰品；其他的柜子部分能存放就餐需要的一些用品。

隔断式餐边柜

　　如果餐厅与外部空间相连，整体空间不够大，又希望把这两个功能区分隔开来，可以利用餐边柜作为隔断，既省去了餐边柜摆放空间，又让室内更具空间感与层次感，避免空间的浪费。

04 卧室家具

卧室的主要作用就是休息，所以睡眠区是卧室的重中之重，而睡眠区最主要的软装配饰就是床，它也是卧室空间中占据面积最大的家具。在设计卧室时，首先要设计床的位置，然后依据床位来确定其他家具的摆放位置。也可以说，卧室中其他家具的设置和摆放位置都是围绕着床而展开的。

床

布置卧室的起点，通常就是选择适合的床。除非卧室面积很大，否则别选择加大双人床。因为一般人都不大清楚空间概念，如果在选购前想知道所选的床占了卧室多少面积，可以尝试简单的方法：用胶带将床的尺寸贴在地板上，然后在各边再加 30cm 宽，这样的大小可以让人绕着床走动。

室内家具标准尺寸中，床的宽度和长度没有太多的标准规定，不过对于床的高度却是有一定要求的，那就是从被褥面到地面之间的距离为 44cm 才属于一个健康的高度，因为如果床沿离地面过高或过低，都会使腿不能正常着地，时间长了腿部神经就会受到挤压。

通常单人床的尺寸为 90cm×190cm、120cm×200cm，双人床尺寸为 150cm×200cm、180cm×200cm。

床的周围不止需要留出能够过人的空间，还需要为整理床铺留出一定的空间。床与平开门的衣柜之间，要留出 90cm 左右的位置，推拉门与折叠门的衣柜，则只需留出 50~60cm，这个宽度包括房门打开与人站立时会占掉的空间。床头两侧至少要有一边离侧墙有 65cm 的宽度，主要是为了便于从侧边上下床；如果想摆放床头柜，床头旁边要留出 50cm 的宽度，可顺手摆放眼镜、手机等小物品。

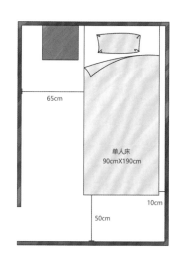

空间较小的卧室，为了避免空间浪费，通常选择将床靠墙摆放。但如果床贴墙放的话，被子就容易从另一侧滑落，最好在床与墙之间留出 10cm 的空隙

◇ 床是卧室家具的主角，以适合整体风格和房间尺寸为选择原则

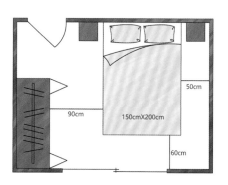

将床摆放在中间较为常见，位置确定后，先就床的侧边与床尾剩余空间宽度，来决定衣柜的摆放位置。床与衣柜之间要留出 90cm 左右的位置

板式床	板式床是指基本材料采用人造板，使用五金件连接而成的家具，一般款式简洁，简约个性的床头比较节省空间，价格也相对其他类型便宜一些，十分适合小居室。	
四柱床	四柱床能为整个房间带来典雅的氛围。床柱的材质包括：雕花木、简洁金属线条等。因为体积比较大，所以一般多摆设在卧室中央，所以要有足够的空间才能衬托出气势。	
雪橇床	起源于法国，发展到如今的雪橇床去除了繁复的雕花，重在表现床头靠背与床尾板的优美弧线，造型更为简洁明朗，是古典、乡村风格的卧室爱用的经典款。	
铁艺床	铁艺床最开始出现于欧洲的 18 世纪中后期，发展到现在依旧是打造田园风格或复古风格家居的理想之选，它不仅以牢固的材料加工制作而成，更装载着从古至今的艺术气息。	
圆床	圆床越来越受到很多年轻业主的喜爱，如果再配合圆形吊顶做呼应，就会更别致。圆床一般适合简约风格家居，并且占用的空间相比普通床来说更大一些。	

衣柜

　　衣柜是卧室中比较占位置的一种家具。衣柜的正确摆放可以让卧室空间分配更加合理。布置时应先明确好卧室内其他固定位置的家具，根据这些家具的摆放选择衣柜的位置。

　　无论是成品衣柜还是现场制作的衣柜，进深基本上都是60cm。成品衣柜的高度一般为240cm，现场制作的衣柜一般是做到顶，充分利用空间。因为衣柜有单门衣柜、双门衣柜以及三门衣柜等分类，这些不同种类的衣柜的宽度肯定不一样，所以衣柜没有标准的宽度，具体要看所摆设墙面的大小，通常只有一个大概的宽度范围。例如单门衣柜的宽度一般为0.5m，而双门衣柜的宽度则是在1m左右，三门衣柜的宽度则在1.6m左右。这个尺寸符合大多数家居室内衣柜摆放的要求，也不会由于占据空间过大而造成室内拥挤或是视觉上的突兀。

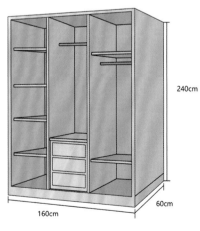

240cm

60cm

160cm

◇ 衣柜常规尺寸

◇ 衣柜是卧室中最重要的收纳型家具，其摆放位置影响到整个卧室家具的布局

推拉门衣柜

推拉门衣柜又分为内推拉门衣柜和外推拉门衣柜。内推拉门衣柜是将衣柜门安置于衣柜内，个性化较强烈；外推拉门衣柜则相反是将衣柜门置于柜体外，可根据家居环境结构及个人的需求来量身定制。

平开门衣柜

平开门衣柜在传统的成品衣柜里比较常见，靠衣柜合页将门板与柜体连接起来。这类衣柜档次的高低主要是看门板用材、五金品质两方面，优点就是比推拉门衣柜价格便宜，缺点是比较占用空间。

折叠门衣柜

折叠门在质量工艺上比移门要求高，所以好的折叠柜门在价格上也相对贵一些。这种门比平开门相对节省空间，又比移门有更多的开启空间，对衣柜里的衣物一目了然。一些田园风格的衣柜经常以折叠门作为柜门。

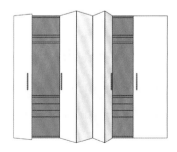

开放式衣柜

开放式衣柜也就是无门衣柜。这类衣柜的储存功能很强，而且比较方便，比传统衣柜更时尚前卫，但是对于家居空间的整洁度要求也非常高。在设计开放式衣柜的时候，要充分利用卧室空间的高度，要尽可能增加衣柜的可用空间。

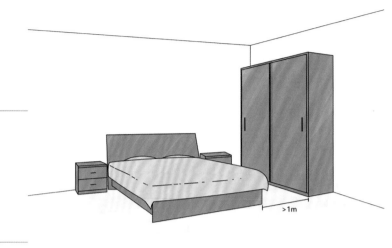

床边摆设衣柜

　　房间的长大于宽的时候，在床边的位置摆设衣柜是最常用的方法。在摆放时，衣柜最好离床边的距离大于1m，这样可以方便日常的走动。

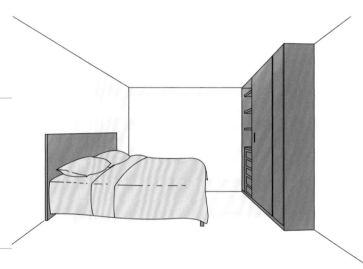

床尾摆设衣柜

　　如果卧室左右两边的宽度不够，建议把衣柜放在床尾位置，但要特别注意移门拉开后的美观度，可以考虑做些抽屉和开放式层架，避免把堆放的衣物露在外面。

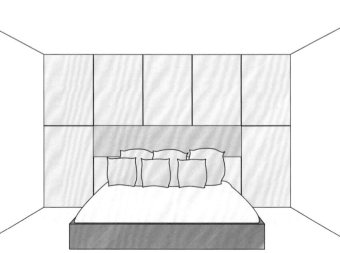

床头摆放衣柜

　　面积不大的卧室床头背景，经常会考虑床与衣柜做成一体的方式，去除了两侧的床头柜，形成了一个整体的效果，这种衣柜有很多种组合。

床头柜

床头柜作为卧室家具中不可或缺的一部分，不仅方便放置日常物品，对整个卧室也有装饰的作用。选择床头柜时，风格要与卧室相统一，如柜体材质、颜色、抽屉拉手等细节，也是不能忽视的。

通常床头柜占床的七分之一左右，柜面的面积以能够摆放下台灯之后仍旧剩余50%为佳，这样的床头柜对于家庭来说是最为合适的。床头柜常规的尺寸是宽度40~60cm，深度30~45cm，高度则为50~70cm，这个范围以内的是属于标准床头柜的尺寸大小。

◇ 新中式风格床头柜

◇ 轻奢风格床头柜

◇ 简约风格床头柜

◇ 欧式风格床头柜

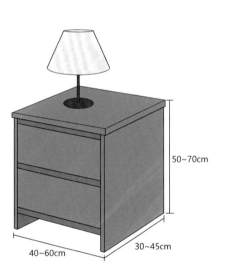

床头柜常规尺寸

50~70cm

40~60cm   30~45cm

一般而言，选择长度48cm、宽度44cm、高度为58cm的床头柜就能够满足人们日常起居对床头柜的使用需求。如果想要尺寸更大一点的，则可以选择长度62cm、宽度44cm以及高度为65cm的床头柜，这样就能够摆放更多的物品。

床头柜的高度应该与床的高度相同或者稍矮一些，常见的高度一般为48.5cm及55cm两种类型。如果觉得床头柜高一点更加合适，那么尽量选择一个床头柜，并且在床头柜上布置一些装饰物。

电视柜

卧室电视柜的尺寸具体要根据卧室空间的大小决定，例如一个 12m² 左右的卧室中，电视墙墙面宽度在 3~4m，1.2~1.5m 的电视柜就比较适合。如果卧室比较小，那么电视柜可以适当缩小尺寸，以让免空间显得拥挤。

为了满足电视机放在上面后与在床上看电视的视觉对应效果，卧室电视柜的高度通常会比客厅电视柜的高度高一些，一般来说，卧室电视柜的高度在 45~55cm。

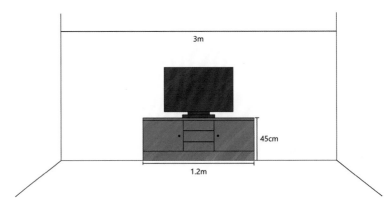

卧室电视柜常规尺寸

◇ 卧室的电视柜宜尺度适中，在高度上比客厅电视柜更高一些

床尾凳

床尾凳是没有靠背的一种坐具，一般摆放在卧室睡床的尾部，具有起居收纳等作用，最初源自于西方，供贵族起床后坐着换鞋使用，因此它在欧式的室内设计中非常常见，适合在主卧等开间较大的房间中使用，可以从细节上提升居家品质。

床尾凳的尺寸通常要根据卧室床的大小来决定，高度一般跟床头柜齐高，宽度很多情况下与床宽不相称。但如果使用者是为了方便起居的话，那选择与床宽相称的床尾凳比较合适。如果单纯将床尾凳作为一个装饰品，那么选择一款符合卧室装修风格的床尾凳即可，对尺寸则没有具体要求。

床尾凳的常规尺寸一般为1200mm×400mm×480mm，也有1210mm×500mm×500mm以及1200mm×420mm×427mm的尺寸。

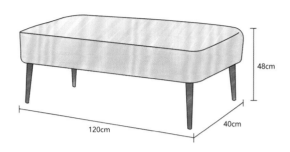

48cm

120cm

40cm

床尾凳常规尺寸

◇ 床尾凳适用于面积较大的卧室空间，具有提升居家品质的作用

梳妆桌

梳妆桌是供梳妆美容使用的家具。在现代家庭中，梳妆桌往往可以兼具写字台、床头柜、边几等家具的功能。如果配以面积较大的镜子，梳妆桌还可扩大室内虚拟空间，从而进一步丰富室内环境。

梳妆桌的台面尺寸通常是 40cm×100cm，这样易于摆设化妆品，如果梳妆桌的尺寸太小，化妆品都摆放不下，会给使用上带来麻烦；梳妆桌的高度一般要在 70~75cm 之间，这样的高度比较适合普通身高的使用者。梳妆凳的长度为 45~55cm，宽度 40~50cm，高度 45~48cm。

◇ 梳妆桌功能实用，搭配梳妆镜后更能放大卧室的视觉空间

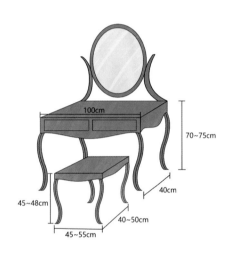

梳妆桌常规尺寸

+ 常见梳妆桌类型

独立式梳妆桌

独立式梳妆桌即将梳妆桌单独设立，这样做比较灵活随意，装饰效果往往更为突出。

组合式梳妆桌

组合式梳妆桌是将梳妆桌与其他家具组合设置，这种方式适宜于空间不大的小家庭。

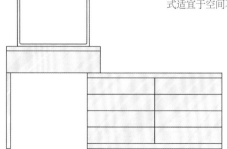

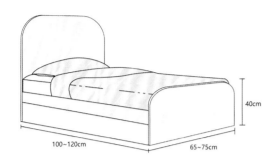

学龄前的宝宝床常规尺寸

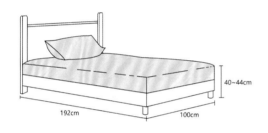

学龄期儿童床常规尺寸

双层高低床常规尺寸

儿童房家具

儿童房的家具一方面要按照孩子身高进行选择，另一方面要尽可能地考虑到孩子的成长速度，因此可以选择一些可调节式的家具，不仅能跟上孩子迅速成长的脚步，而且还能让儿童房显得更富有创意。

学龄前的宝宝，年龄 5 岁以下，身高一般不足 1m，建议选择长度 100~120cm，宽度 65~75cm 的床，此类床高度通常为 40cm 左右。学龄期儿童则可参照成人床的尺寸来购买，即长度为 192cm、宽度为 80cm、90cm 和 100cm 三个标准，高度以 40~44cm 为宜。如果选择双层高低床，上下层之间净高应不小于 95cm，才不会使住下床的宝宝感到压抑，上层也要注意防护栏的高度，保证宝宝的安全。

儿童房的衣柜在选择尺寸上一般要有很好的灵活性，要有发展的眼光。虽然孩子在很小的时候不需要很多的收纳功能，但还是应该尽量不要太小。这样孩子长大了，衣服等东西多了之后也可以应付自如。所以最好定制到顶的儿童房衣柜，衣柜的深度一般在 55~60cm 最为适合，而衣柜的宽度要根据房间的大小而定，宜宽不宜窄。

相比大人的房间，儿童房需要具备的功能更多，除睡觉之外，还要有储物空间、学习空间以及活动玩耍的空间，所以需要通过设计使得儿童房空间变得更大。建议把床靠墙摆放，使得原本床边的两个过道并在一起，变成一个很大的活动空间，而且床靠边对儿童来讲也是比较安全的。

如果家中有两个孩子，在孩子到小学低年级之前大多让他们同住一室。幼儿时期，要将家具贴墙放置，以留出孩子能尽情玩耍的场地。青春期时要注意使用一些能够起到阻隔作用的收纳型家具，这样既能尊重孩子的隐私，又能够让孩子专心学习。

◇ 儿童房的家具宜靠墙摆放，除了增加安全性之外还可以腾出更多的活动空间，两个孩子的家庭适合选择高低床

+ 儿童房家具陈设方案

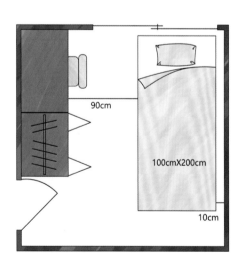

方正形的儿童房格局，将书桌和衣柜并排摆放，与床之间留出合适的距离。这里也可以将书桌与柜子组合设计。

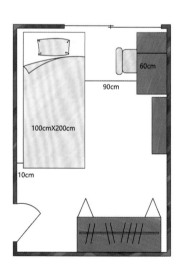

狭长形的儿童房格局，睡觉、学习、储物三大功能一个不少，并将书桌背床而放，更能使孩子专心学习。

06 书房家具

书桌

普通精装房的书房空间是有限的，所以单人书桌的功能应以方便工作，容易找到经常使用的物品等实用功能为主。一般单人书桌的宽度在 55~70cm，高度在 75~85cm 比较合适。一个长长的双人书桌可以给两个人提供同时学习或工作的机会，并且互不干扰，尺寸规格一般在 75cm×200cm。不同品牌和不同样式的双人书桌尺寸各不相同。组合式书桌集合书桌与书架两种家具的功能于一体，款式多样，让家更为整洁，节约空间，并具有强大的收纳功能。组合式书桌大致有两种类型，一类是书桌和书架连接在一起的组合，还有一类是书桌和书架不直接相连，而是通过组合的方式相搭配。还有一些角落空间很难买到尺寸合适的书桌，也可以采用现场制作的方法，并可在桌面下方留两个小抽屉，这样很多零碎的小东西都可以收纳于此。

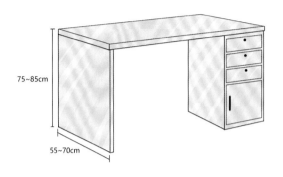

单人书桌常规尺寸

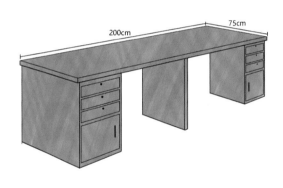

双人书桌常规尺寸

书桌的布局与窗户位置关系密切，一要考虑灯光的角度，二要考虑避免电脑屏幕的眩光。

很多书房中都有窗户，书桌常常被摆在面对窗户的方向，以为这样使用可以在阅读、办公时欣赏到窗外的明媚风光。其实，阅读时窗户过量的室外光容易让人分散精神，更容易开小差。并且当电脑屏幕背对窗户时，也容易因为光线的干扰而影响视物，难以集中精神。因此，无论是办公桌还是阅读椅，人坐的方向最好背向或侧向窗户光源，才更符合阅读需求。

◇ 通常角落空间很难选到合适尺寸的书桌，可选择现场制作的方式

◇ 书桌和书架不直接相连的组合式书桌

◇ 书桌和书架连接在一起的组合式书桌

+ 两类书桌陈设方案

书桌靠墙摆设

在一些小户型的书房中，将书桌摆设在靠墙的位置是比较节省空间的。但由于桌面不是很宽，坐在椅子上的人脚一抬就会踢到墙面，如果墙面是乳胶漆的话就比较容易弄脏。因此设计的时候应该考虑对墙面的保护，可为桌子加个背板。

书桌居中摆设

面积比较大的书房中通常会把书桌居中放置，显得大方得体。但应解决好插座、网络等问题。如果精装房中离书桌较近的墙面上没有预留插座的位置，也可以在书桌下方铺块地毯，接线从地毯下面过。

书柜

对于一般家庭来说，高度为210cm的书柜即可满足大多数人的需求；书柜的深度为30~35cm，当书或杂志摆好时，这样的深度能留一些空间放些饰品；由于要受力，书柜的隔板最长不能超过90cm，否则时间一长，容易弯曲变形。此外，隔板也需要加厚，最好在2.5~3.5cm之间。书架中一定要有一层的高度超过32cm，才可摆放杂志等尺寸较大的书籍。

虽然以人体工学而言，210cm以上的书柜高度较不易使用，但以收纳量来讲，当然是越高放得越多，可考虑将书柜分为上、下两层，常看的书放在开放式柜子上，方便查阅和拿取；不常看或收藏的书放在下层，做柜门遮盖，能减少在行走及活动时扬起的灰尘或是碰撞。

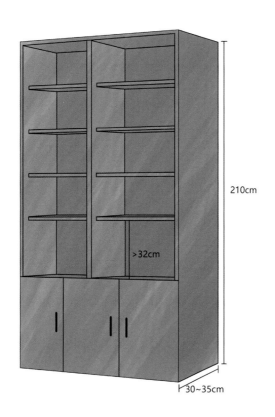

210cm

>32cm

30~35cm

书柜常规尺寸

◇ 满墙"顶天立地"的书柜收纳功能更为强大，但需要搭配扶手梯，方便日常书籍的拿取

书房书柜

房间比较多的家庭，通常会单独设立书房，在放置书柜时还应根据空间的大小考虑造型。一般来说，书柜造型分为三大类：一字型书柜、不规则形书柜、对称式书柜。

儿童房书柜

在只有两室，或者居住人数较多的住宅中，多数家庭会选择将书柜放置在儿童房。因为儿童本身有大量的书本收纳需求，家长的图书可以顺带一起收纳。

客厅书柜

有些大户型住宅会考虑在客厅等公共空间放置书柜，一方面可以满足大量收纳的需求，另一方面可以体现居住者的文化内涵，不过这样的书柜更重视外观设计。

卧室书柜

还可将书柜放在卧室中，像欧美家庭一样，利用床头的背景墙，做成整面收纳柜，使得床头阅读更加方便。这种可以提高空间利用率的方式，越来越受到小户型居住者的喜爱。

在精装房的软装布置中，装饰画是不可缺少的元素之一。如果不想通过后期施工对墙面色彩和图案进行处理，那么装饰画就是快速改变墙面妆容的利器。选择装饰画的首要原则是要与空间的整体风格相一致，其次，相对于不同的空间可以悬挂不同题材的装饰画，采光、背景等细节也是选择装饰画时需要考虑的因素。

「 精装房软装设计手册 」

第七章

精装房装饰画选择与悬挂方案

第一节 精装房装饰画搭配重点

Point

01 画框搭配

  不同风格的装饰画会选择不同的画框。通常经典、厚重或者华丽的风格需要质感和形状都很突出的画框来衬托，而现代极简一类的风格，往往需要弱化画框的作用，给人以简洁的印象。对于内容比较轻松愉悦的装饰画而言，细框是最合适不过的选择。混搭风格的空间，对于画框的限制比较小，可以采用不同材质的组合，雕花边框和光面边框的组合，有框和无框的组合。

  画框的宽窄最终还是需要考虑画面的基调与想要传达的内容。就如同博物馆中的那些著名画作一样，如果画作本身足够出色，那么即使是搭配线条最简单的画框也会吸引人的眼球。过宽的画框会让装饰画看起来太过沉重，过于细窄的画框则会让一幅严谨的作品看上去同海报般无足轻重。此外，画框的选择不仅仅跟设计风格有关，而且还要尽量做到与所处墙面的质感和色彩拉开少许的层次，或者是用画面本身来与之拉开层次。

◇ 雕花边框的装饰画具有厚重华丽的质感

◇ 细框装饰画适合表现轻松愉悦的氛围

画框材质多样，有实木边框、聚氨酯塑料发泡边框、金属边框等，具体根据实际的需要搭配。一般来说，实木画框适合水墨国画，造型复杂的画框适用于厚重的油画，现代画选择直线条的简单画框。

◇ 金属边框

◇ 实木边框

◇ 聚氨酯塑料发泡边框

Point

02 色彩搭配

装饰画的色彩要与室内空间的主色调进行搭配，一般情况下两者之间应尽量做到色彩的有机呼应。例如客厅装饰画可以沙发为中心，中性色和浅色沙发适合搭配暖色调的装饰画，红色、黄色等颜色比较鲜亮的沙发适合配以中性基调或相近色系的装饰画。

通常装饰画的色彩分成两块，一块是画框的颜色，另外一块是画面的颜色。不管如何，这两者之间需要有一个和房间内的沙发、桌子、地面或者墙面的颜色相协调，这样才能给人和谐舒适的视觉效果。最好的办法是装饰画色彩的主色从主要家具中提取，而点缀的辅色可以从饰品中提取。

画框的色彩可以很好地提升装饰画的艺术性，选择合适的画框颜色要根据画面本身的颜色和内容来定。一般情况下，如果整体风格相对和谐、温馨，画框宜选择墙面颜色和画面颜色的过渡色；如果整体风格相对个性，装饰画也偏向于选择墙面颜色的对比色，则可采用色彩突出的画框，形成更强烈和更具动感的视觉效果。

CMYK
23 85 89 0　　CMYK
89 65 30 0

◇ 撞色搭配的装饰画组合富有趣味性，成为客厅中的视觉焦点

CMYK
38 27 100 0　　CMYK
58 49 93 5

◇ 从房间内的主要家具中提取装饰画的色彩，给人整体和谐的视觉效果

03 风格搭配

波普风格装饰画

波普风格装饰画通过塑造夸张的、大众化、通俗化的方式展现波普艺术。色彩强烈而明朗，设计风格变化无常，浓烈的色彩充斥于大部分空间，装饰画通常采用重复的图案、鲜亮的色彩渲染大胆个性的氛围感。

北欧风格装饰画

北欧风格装饰画既有回归自然崇尚原木的韵味，也有时尚精美的艺术感。装饰画的选择也应符合这个原则，题材或现代时尚，或自然质朴，再加上简而细的画框，有助于营造自然宁静的北欧风情。

田园风格装饰画

田园风格装饰画首选色彩清新、鸟语花香的自然题材，画框也不宜选择过于精致的类型，复古做旧的实木或者树脂画框最为适宜。装饰画与布艺靠包的印花可以都选择相同或相近的系列，使空间具有延续性，能将空间非常好地融合在一起。

古典欧式风格装饰画

古曲欧式风格的空间一般选择复古题材的人物或风景油画。画框往往从材质和颜色上与家具、墙面的装饰相协调，采用金色画框显得奢华大气，银色画框沉稳低调，通常厚重质感的画框对古典油画的内容、色彩可以起到很好的衬托作用。

新中式风格装饰画

新中式风格装饰画通常采取大量的留白，渲染唯美诗意的意境。可根据挂画区域大小选择画框的形状与数量，通常用长条形的组合画能很好地点化空间，内容为水墨画或带有中式元素的写意画，例如完全相同或相似主题组成系列的山水、花鸟、风景等装饰画。

现代简约风格装饰画

现代简约风格中，装饰画选择范围比较灵活，抽象画、概念画以及未来题材、科技题材的装饰画等都可以尝试一下。色彩上选择带亮黄、橘红的装饰画能点亮视觉，暖化大理石、钢材构筑的冷硬空间。

现代轻奢风格装饰画

现代轻奢空间适合选择抽象画。既可以在墙上挂一幅装饰画，也可以把多幅装饰画拼接成大幅组合，制造强烈的视觉冲击。画框以细边的金属拉丝框为最佳选择，最好与同样材质的灯饰和摆件进行完美呼应，给人以精致奢华的视觉体验。

+ 易和极尚设计

美式乡村风格装饰画

美式乡村风格以自然怀旧的格调凸显舒适安逸的生活。装饰画的主题多以自然动植物或怀旧的照片为主，尽显自然乡村风味。画框多为做旧的棕色或黑白色实木框，可以根据墙面大小选择合适数量的装饰画错落有致地摆列。

第二节 精装房装饰画悬挂技法

01 悬挂尺寸

通常人站立时视线的平行高度或者略低的位置是装饰画的最佳观赏高度。所以单独一幅装饰画不要贴着吊顶之下悬挂，即使这就是观者的水平视线，也不要挂在这个位置，否则会让空间显得很压抑。餐厅中的装饰画要挂得低一点，因为一般都是坐着吃饭，视平线会降低。

如果是两幅一组的挂画，中心间距最好是7~8cm。这样才能让人觉得这两幅画是一组画。眼睛看到这面墙，只有一个视觉焦点。如果在空白墙上挂画，挂画高度最好是画面中心位置距地面1.5m处。有时装饰画的高度还要根据周围摆件来决定，一般要求摆件的高度和面积不超过装饰画的三分之一，并且不能遮挡画面的主要表现点。当然，装饰画的悬挂更多的是一种主观感受，只要能与环境协调，不必完全拘泥于数字标准。

◇ 如果是两幅一组的装饰画，中间间距宜控制在7~8cm之间

装饰画和墙面的比例：首先应该考虑装饰画和墙面的尺寸是否契合；其次根据挂画密度公式计算最理想的挂画宽度，即墙面的宽度乘以0.57。如果想要挂一套画组，那就先把一组装饰画想象成是一个单一的个体。

◇ 边柜上方的挂画位置应注意摆件的高度，避免遮挡住主要的表现点

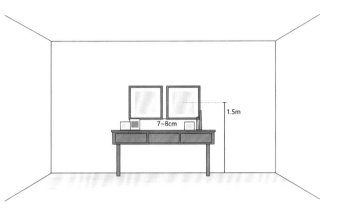

装饰画悬挂尺寸

1.5m

7~8cm

画面内容最好选设计好的固定套系。如果想单选画芯搭配，一定要放在一起比对是否协调。

如果是悬挂大小不一的多幅装饰画的话，不是以画作的底部或顶部为水平标准，而是以画作中心为水平标准。当然同等高度和大小的装饰画就没有那么多限制了，整齐对称排列就好。

Point

02 悬挂数量

如果所选装饰画的尺寸很大，或者需要重点展示某幅画作，又或是想形成大面积留白且焦点集中的视觉效果时，都适宜采用单幅悬挂法，要注意所在墙面一定要够开阔，避免形成拥挤的感觉。例如在客厅、玄关等墙面挂上一幅装饰画，要把整个墙面作为背景，让装饰画成为视觉中心。不过除非是一幅遮盖住整个墙面的装饰画，否则就要注意画面与墙面之间的比例，左右上下一定要适当留白。

如果想要在空间中挂多幅装饰画，应考虑画和画之间的距离，两幅相同的装饰画之间距离一定要保持一致，但是不要太过于规则，还需要保持一定的错落感。一般多为2~4幅装饰画以横向或纵向的形式均匀对称分布，画框的尺寸、样式、色彩通常是统一的，

◇ 多幅横向或纵向分布的装饰画之间的距离应保持一致

◇ 单幅装饰画容易形成焦点集中的视觉效果

◇ 悬挂大小不一的多幅装饰画，应以画作中心为水平标准

03 悬挂方式

多幅宫格法

宫格法挂装饰画是最不容易出错的方法。2、3、4、6、9、12、16 张照片都可以，只要用统一尺寸的装饰画拼出方正的造型即可。悬挂时上下齐平，间距相同，一行或多行均可。单行多幅连排时画面内容可灵活一些，但要保持画框的统一性，以加强连排的节奏感。

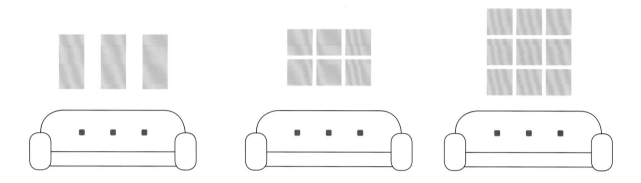

对称分布法

以中心线为基准，装饰画呈左右、上下对称分布，这种排列方式模仿中国传统建筑的对称分布方式，十分富有美感。

对角线排列法

以对角线为基准，装饰画沿着对角线分布。组合方式多种多样，最终可以形成正方形、长方形、不规则形等。

混搭式悬挂法

采用一些挂钟、工艺品挂件来替代部分装饰画，并且整体混搭排列成方框，形成一个有趣的更有质感的展示区，这样的组合适用于墙面和周边比较简洁的环境，否则会显得杂乱。混搭悬挂法尤其适合于乡村风格的空间。

阶梯式排列法

楼梯的照片墙最适合用阶梯式排列法，核心是照片墙的下部边缘要呈现阶梯向上的形状，符合踏步而上的节奏。不仅具有引导视线的作用，而且表现出十足的生活气息。这种装饰手法早期在欧洲盛行一时，特别适合房高较高的房子。

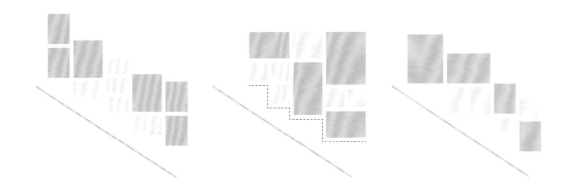

搁板陈列法

这种方式一般需要搁板的配合，例如选择单层搁板、多层搁板整齐排列或错落排列。注意当装饰画置于搁板上时，可以让小尺寸装饰画压住大尺寸装饰画，将重点内容压在非重点内容前方，这种方式给人视觉上的层次感。

第三节 精装房空间装饰画搭配方案

Point

01 客厅装饰画

　　客厅的大小直接影响着装饰画尺寸的大小。通常大客厅的装饰画，可以选择尺寸大的装饰画，从而营造一种开阔大气的意境。小客厅可以选择多挂几幅尺寸较小的装饰画作为点缀。一般来说，狭长的墙面适合挂放狭长、多幅组合或者小幅的画；方形的墙面则适合挂放横幅、方形或者大幅的画。客厅装饰画的宽度尺寸大约为主体家具的三分之二，例如沙发宽 2m，那么装饰画的宽度则为 1.4m 左右。客厅挂画一般有两幅组合（60cm×90cm×2）、三幅组合（60cm×60cm×3）、单幅（90cm×180cm）等形式，具体视客厅的大小比例而定。

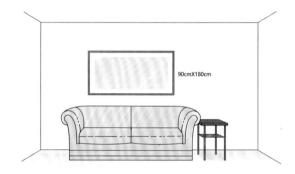

单幅

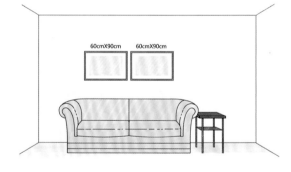

双幅组合

◇ 方形的客厅适合挂放横幅的装饰画，但注意宽度约为主沙发的 2/3

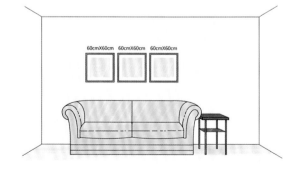

三幅组合

180

02 玄关装饰画

玄关宜选择精致小巧、画面简约的装饰画，可选择格调高雅的抽象画或静物、插花等内容题材。此外，也可以选择一些具有吉祥意境的装饰画。数量上通常挂 1~2 幅画装饰即可，尽量大方端正，并考虑与周边环境的关系。

有时候在玄关柜背后的墙面上搭配一幅装饰画，可以选择非居中位置悬挂。比如玄关柜上的花瓶放在柜体的最右边，那么可以选择在偏左的位置悬挂一幅尺寸较大的画，然后右侧再搭配一个较小的挂件，起到整体平衡作用。

玄关、过道等墙面较窄的地方，应选择竖版装饰画，增加空间感和纵深感；横版装饰画会有拦腰截断的感觉。如果家具在腰线以下，那么墙面的主体需要选择大尺寸装饰画；如果家具在腰线及以上，选择小尺寸装饰画能起到画龙点睛的作用。

+ 香港方黄设计

◇ 玄关装饰画的数量控制在 1~2 幅即可，画面内容表现吉祥意境的更佳

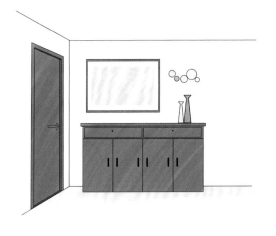

◇ 在非居中装饰画旁搭配饰品起到平衡空间的作用

◇ 搭配小尺寸装饰画能起到画龙点睛的装饰效果

03 餐厅装饰画

餐厅装饰画在色彩与内容上都要符合用餐人的心情，通常橘色、橙黄色等明亮色彩能让人身心愉悦，增加食欲。餐厅挂蔬果画是一种不错的选择，例如白菜、茄子、西红柿等，画面温馨、自然，同时又寓意较为丰富。此外，花卉和色块组合为主题的抽象画挂在餐厅中也是现在比较流行的一种搭配手法。如果餐厅与客厅一体相通时，装饰画最好能与客厅配画相协调。餐厅装饰画的尺寸一般不宜太大，以 60cm×60cm、60cm×90cm 为宜，采用双数组合符合视觉审美规律。挂画时要注意人坐着时的视野范围，做适当的调整，如果挂的是单幅大画时，画框与家具的最佳距离为 8~16cm。

餐厅装饰画选择横挂或竖挂需根据墙面尺寸或餐桌摆放方向决定。如果墙面较宽、餐厅面积大，可以用横挂画的方式装饰墙面；如果墙面较窄，餐桌又是竖着摆放，装饰画可以竖向排列，减少拥挤感。

◇ 一些清新自然、硕果飘香的果蔬图往往是餐厅装饰画的极佳选择

◇ 餐厅装饰画宜选择激发食欲的色彩，如橘色、橙黄色等

◇ 正方形双联画

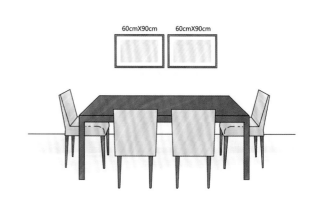

◇ 长方形双联画

04 卧室装饰画

卧室装饰画的选择应以让人心情舒缓宁静为佳，避免引发思考或浮想联翩的题材以及让人兴奋的亮色。除了婚纱照或艺术照以外，人物油画、花卉画和抽象画也是不错的选择。线条简洁的板式床适合搭配带立体感和现代质感边框的装饰画。柔和厚重的软床则需搭配边框较细、质感冷硬的装饰画，通过视觉反差来突出装饰效果。卧室装饰画的尺寸一般以 50cm×50cm、60cm×60cm 两组合或三组合，单幅 40cm×120cm 或 50cm×150cm 为宜。

◇ 卧室背景墙上的三联画尺寸不能超过床头板的宽度

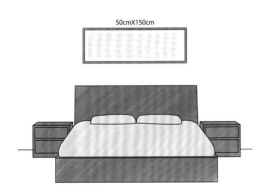

◇ 单幅长方形装饰画

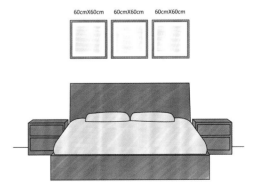

◇ 正方形三联画

05 儿童房装饰画

儿童房装饰画的颜色选择上多鲜艳活泼，温暖而有安全感，题材可选择健康生动的卡通、动物、动漫以及儿童自己的涂鸦等，以乐观向上为原则，能够给孩子们带来艺术的启蒙及感性的培养，并且营造出轻松欢快的氛围。

儿童房的装饰应适可而止，注意协调，以免太多的图案造成视觉上的混乱，不利于孩子身心健康。儿童房的空间一般都比较小，所以选择小幅的装饰画做点缀比较好，大大的装饰画会破坏童真的趣味。但注意在儿童房中最好不要选择抽象类的后现代装饰画。

◇ 卡通、动漫内容的装饰画是儿童房的首选，适合营造轻松欢快的氛围

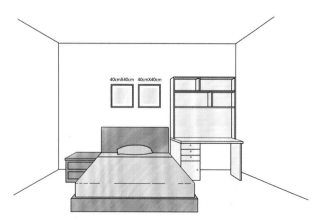

◇ 正方形双联画　　　　　　　　　　　◇ 阶梯形三联装饰画

06 厨房装饰画

厨房装饰画应选择贴近生活的题材，例如小幅的食物油画、餐具抽象画、花卉图等，也可以选择一些具有饮食文化主题的装饰画，会让人感觉生活充满乐趣。通常厨房装饰画应该与整体装饰风格相协调，例如现代风格的厨房可以搭配个性抽象画，而田园风格的厨房则比较适合搭配淡雅清新的花卉图。此外，注意装裱厨房装饰画时一般应选择容易擦洗、不易受潮、不易沾染油烟的材质。

◇ 冰箱上方摆设一幅色彩突出的装饰画，点亮黑白色调的厨房空间

◇ 厨房装饰画宜挂放在远离灶台的位置，画面可选择一些与自然风景及饮食文化有关的内容

07 卫浴间装饰画

卫浴间的装饰画需要考虑防水防潮的特性，如果干湿分区，那么可以在湿区挂装裱好的装饰画，干区建议使用无框画，像水墨画、油画都不是太适合湿气较重的卫浴间环境。装饰画的色彩应尽量与卫浴间瓷砖的色彩相协调，面积不宜太大，数量也不要挂太多，点缀即可。画框可以选择铝材、钢材等材质，以起到防水的作用。

◇ 坐便器背后的墙面是挂放卫浴间装饰画的合适位置，画面可选择自然风景或诙谐幽默的题材

◇ 挂放在湿区墙面的装饰画应选择经过装裱的类型，防止湿气损坏画面

照片墙是由悬挂在墙面上的多个大小不一错落有致的相框组成，是最近几年比较流行的一种墙面装饰手法。它的出现不仅带给人良好的视觉感，同时还让家居空间变得十分温馨且具有生活气息。在打造照片墙之前，首先应根据不同的家居风格，选择相应的相框、照片以及合适的组合方式。其次，不论在哪个区域布置照片墙，都要先规划好空间，然后计算出照片墙的大小和数量。

| 精装房软装设计手册 |

第八章

精装房照片墙设计要点

第一节 照片墙布置的三大重点

01 照片墙内容选择

照片选择

　　并不是任何照片都适合上墙的，还得考虑主题内容是否和其他照片保持一致，主体颜色是否会打乱空间的搭配。如果是居住者自己拍的照片，怕色彩太乱，可以整体用黑白色调，或者找个时间拍组统一色调的照片；如果是杂志的内页，可把喜欢的图片小心裁剪下来装框，最好是同一期的杂志，色调就不容易混乱；如果是个人的画作，注意画的类型保持一致，不能素描、水彩混合搭配，推荐采用简笔画。除了电影、音乐或明星海报以外，还可以购买一些插画师、摄影师、艺术家的作品。

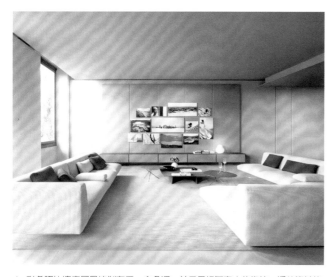

◇ 彩色照片墙应尽量控制在同一个色调，并且最好与室内的抱枕、插花等其他软装小物件形成呼应

◇ 黑白照片墙通常是最稳妥的选择，并且适合多种风格的精装房空间

相框选择

相框的颜色能起到提升作品艺术性的作用，在实际选择中，建议避免相框颜色和照片的主色相同。如果无法避免相同的话，那就用白纸先框住照片，再挂上相框，使得照片和相框之间留白。通常过宽的框会让艺术作品看起来太过沉重，尤其是应用在客厅的照片墙，让人看了会有些压抑。而细窄的边框反倒适合不同类型的照片，无论是艺术作品还是普通的生活照、海报等都适用。相框材料应和周围环境保持一致，如果是在厨房的话，金属框最为合适；如果是在中式风格的空间里，木框比较合适。

◇ 细边的相框显得简洁利落，适合不同类型的照片

在相框的形状和尺寸上，小的有12.7cm×17.8cm（7寸）、15.2cm×22.5cm（9寸）、20.3cm×25.4cm（10寸），大的有27.9cm×35.6cm（15寸）、30.5cm×45.7cm（18寸）和40.6cm×50.8cm（20寸）等。布置时可以采用大小组合的形式，在墙面上形成一些变化。另外，还可根据照片的重要性和对它的喜爱程度，进行尺寸的强调或者弱化。如果是有纪念意义的照片，可以选择大的尺寸；一些随手拍回来的风景或者特写，则可以用小一些的尺寸。

◇ 宽边的相框给人以厚重感，不宜大面积使用

02 照片墙风格搭配

　　在北欧风格家居空间中，照片墙的出现频率较高，其轻松、灵动的身姿可以为北欧风格家居带来律动感。有别于其他风格的是，北欧风格家居的照片墙，相框往往采用木质制作，和本身质朴天然的风格达到协调统一；田园风或者小清新格调的照片墙可以选择原木色或者白色的相框，形状建议选择长方形或者菱形；古典欧式风格空间可以选择质感奢华的金色相框或者雕花相框，并选择尽量规整的排列组合形式，以免破坏华丽典雅的整体氛围；美式乡村风格空间中，做旧的木质相框更能表现出复古自然的格调，也可以采用挂件工艺品与相框混搭组合布置的手法；如果是比较时尚前卫的现代风格，相框色彩选择上可以更加大胆，组合方式上也可以更个性化。如果喜欢特殊形状，例如心形或菱形，可以在安装之前画好具体的大小以及位置。

◇ 北欧风格家居照片墙的画面通常给人以清新之感

◇ 欧式风格家居常用金色和雕花边框的照片墙表现华贵感

+ 马思设计

◇ 现代风格家居的照片墙可采用菱形、心形等特殊形状

◇ 美式风格家居照片墙常用做旧的木柱相框与挂件组合搭配的手法

03 照片墙安装技巧

打造照片墙之前要先量好墙面的尺寸，确定好照片的组合方式，这样才能够调整好不同照片的分布，以及裁剪每张照片的大小。如果选择对称的组合样式，那么就将相同尺寸的照片分成两组，以便安装时能分清楚。在安装的过程中，建议先将大照片排列进去，如果是对称图形的话，就从中心点摆起，这样做有利于拼凑形状。如果相框大而笨重，位置较高，最好是请人安装，避免出现安全问题。

一般情况下，照片墙最多只能占据三分之二的墙面空间，否则会给人造成压抑的感觉。如果是平面组合，相框之间的间距以5cm最佳，太远会破坏整体感，太近会显得拥挤。宽度2m左右的墙面，通常比较适合6~8框的组合样式，太多会显得拥挤，太少难以形成焦点。墙面宽度在3m左右，建议考虑8~16框的组合。

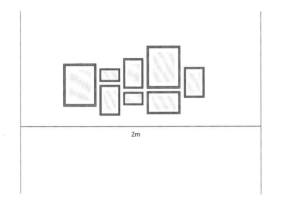

宽度2m左右的墙面，通常比较适合
6~8框的照片墙样式

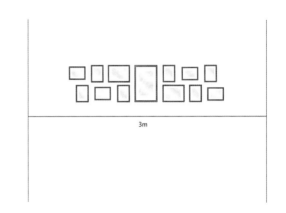

宽度在3m左右的墙面，建议考虑
8~16框的照片墙样式

不论选择哪种组合样式，都应保持照片与照片之间的距离一致，这样视觉上比较舒服，建议照片间的距离和学生用尺的宽度相同，测量时将尺子放到两张照片中间即可，这是简单而准确的测量方法。

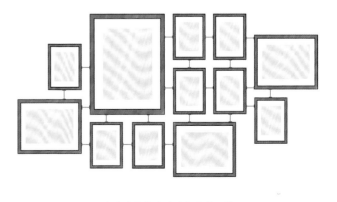

照片墙应遵循照片与照片之间
距离保持一致的原则

2~3 张同样大小的照片并列摆放，就完成了一个完整的画面。如果照片多的话，可以摆成六宫格、九宫格的样式，这种最直白的设计样式也会有很震撼的效果。

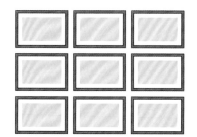

设计时以 1~2 张图作为中心，上下两边的照片对称，左右两边的对称即可。这种方案称为轴对称法，特点是外边缘呈规则的矩形，而且相框形状和数量不用一致。

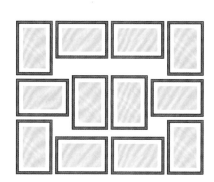

这种方案完美表现出对称美学，如同倒映在水中的建筑物一般。在布置时先贴条宽胶带在正中间，然后摆好胶带上方的照片，再摆放下方的照片，调整完工后撕下胶带即可。

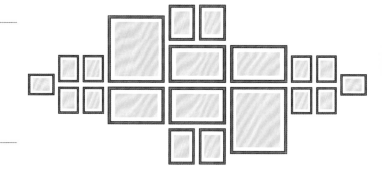

这种方案的中心点是两个相框，所以设计的难度会略大。此外，照片与照片间的距离各有不同，但遵守中心对称，布置时从中间两张照片开始摆起，然后逆时针摆完其他照片。

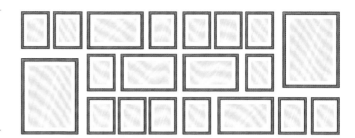

这种方案虽然看似杂乱无章，但很有美感，原因在于它属于中心对称，但正上方的相框和正下方呈不对称。安装时先从两侧对称开始摆起，然后再依次往中间摆。

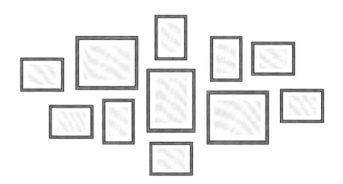

这种方案需要先制作出不同大小的照片，再摆出心形的框架，最后填充内部。因为很多动物外形为对称图形，所以可发挥想象力，设计出蝴蝶或其他动物的样式。

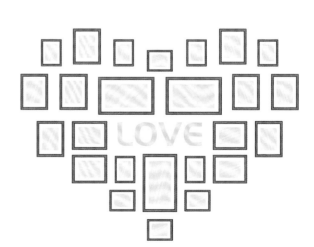

第二节 精装房空间照片墙搭配方案

 01 **楼梯照片墙**

　　楼梯是一个过渡的区域，有非常多的空间适合做照片墙进行展示，既有艺术感，又是通过照片回忆的一种方式。这个区域的照片墙其实很难设计，考虑到拾级而上时要能看清大多数图片，所以不能摆得太水平，但斜线往上又很难操控。建议每隔两个阶梯，往上等距离摆放一组图片，这一组图片可以由一张大图构成，也可以由数张小图构成，但是形状和尺寸要有相似性或者规律性。还有一种办法是画出一条与楼梯完全平行的斜线，所有照片均匀分布在该平行线的两侧。或随着楼梯的高度而上升，让此处成为最充满回忆的地方。

◇ 由于多扇窗户出现在楼梯墙上显得过于零散，所以可考虑把几扇窗户之间的每一块墙面都作为单独的照片墙进行设计，在视觉上形成整体感

◇ 大小不一的照片随着楼梯的高度而上升，给人以规律感的同时又蕴含丰富的变化

02 过道照片墙

　　过道布置照片墙除了表现生活气息之外，还可以缓解狭长形空间所产生的压抑感。如果过道上没有柜子，可随意选取几张生活照或旅游风景照挂在墙上，高低错落；倘若过道上有玄关柜，那么照片墙应结合柜子一起考虑。如果柜子上没有任何台灯、花瓶等摆件，把照片组合成一个略窄于柜子宽度的形状即可，但是如果柜子上有别的摆件，既不能把照片墙遮挡住，也要考虑元素过于复杂造成的视疲劳问题，根据实际情况用减少或增加照片数量的方式来改善。

◇ 过道照片墙应考虑柜子及上方的摆件对其视线的遮挡

◇ 挑高空间的过道墙面面积较大，可选择多张大图与小图相结合的形式

03 客厅照片墙

客厅作为日常活动区域和会客的地方，面积宽敞，墙面留白比较大，是一进门首先注意打量的焦点区域。将居住者喜欢的照片挂在沙发背后的墙面是最为合适的选择。挂客厅的照片组合一般数量多，如果尺寸差异较大的话，可以沿画框中轴线上下轴对称排列，使整体空间更整洁明朗。此外还可以选择两面墙的转角处，起到相互呼应的效果。如果将喜欢的照片制作成电视背景墙，也是一个不错的选择。

客厅照片墙的尺寸可以自己调节，留白的方式更富有文艺气息。照片墙形状有长方形、正方形、菱形可供选择，当然也可以选用圆形框架。长方形与正方形可以穿插自由组合，而菱形、圆形最好只用单一形状。

黑白照片墙会带来一种怀旧感，形成视觉冲击力。而且黑白照片一般很少会有雷同的内容，较能体现居住者的个性。如果还保留着祖辈时代的照片，不妨将它们重新印放，布置在客厅墙上，以此来表现复古情调。

◇ 在客厅沙发背后的墙面挂照片是最常见的选择，设计时应注意照片与其他软装元素的色彩呼应

◇ 电视周围设计照片墙的手法富有创意，白色边框配合活泼有趣的画面带来清新文艺的气息

04 餐厅照片墙

　　餐厅的照片墙通常设计在餐桌正中的上方，离餐桌的距离要适当。内容上可以挂一些色彩漂亮的美食照片，以及一些环境优美的风景照片，以增加就餐时的食欲。注意小空间餐厅不适合照片太多且排列密集的照片墙，不仅不会起到装饰作用，反而会让人觉得压抑烦闷。如果餐厅墙面很宽，只用照片墙装饰未免略显杂乱，不妨把这面墙一分为二，餐桌对面的墙用照片墙填充，而剩下的则用另外的装饰方式，比如照片墙加展示柜的组合。

◇　选择在餐厅的角落处设计一面黑白照片墙，体现出北欧风格家居简单随性的特点

◇　餐厅中设计一面内容为花卉果蔬图案的照片墙十分应景，同时也带有美好的寓意

05 卧室照片墙

　　卧室是一个私密空间，照片的内容更加私人化，在照片墙的设置上也更加轻松、自由。照片不一定要布满卧室的整面墙，但相框颜色应与家具的颜色相呼应，这样可以使整个空间的搭配更加和谐。

　　最常见的做法是只在卧室中摆放一张照片来作为照片墙。虽然照片墙多数为多张照片的组合，但是一张照片若是搭配得当，一样能够作为照片墙。如果希望墙面能再丰满一点，可将几幅风格类似、色调一致的照片用一样材质的相框装裱，然后有规律地组合摆放在卧室墙壁上。虽然相框横竖排放，但整体结构规则，因此不显突兀杂乱。此外，也可以尝试设计一面多组照片无规则组合的照片墙，照片的内容可以多样，例如风景照、人物照等，甚至照片的形状也可以不一样。无规律的随意组合在一起，创意十足的同时又不失美观性。

◇　内容多样的照片无规律地随意组合在一起，显得创意十足

◇　在床头柜的上方悬挂几幅家庭成员成长的照片，使得这个私密空间充满浓郁的生活气息

插花不但可以丰富装饰效果，同时作为精装房空间氛围的调节剂也是一种不错的选择。有的插花代表高贵，有的插花代表热情，利用好不同的插花就能创造出不同的空间情调。在居住空间中搭配插花虽然看似简单，但其实也是一门值得探究的软装艺术。此外，在一个成功的插花创作中，花材与花器融为一体，能打造出更完整的效果。花器与花材间应该在大小、外形、色彩、材质上能和谐搭配。

第九章

软装与布置要点
插花基础

第一节 花器选择要点

01 花器造型分类

　　花器从造型上可笼统分为台式花器、悬挂花器和壁挂花器，其中台式花器最为常见，例如瓶、盘、钵、筒及一些异形花器。

　　瓶类花器在花艺中颇为常用，其形状特色是身高、口小和腹大。由于瓶口较小，瓶花构图紧凑，适宜表现花材的线条美，典雅飘逸。盘类花器底浅，口宽阔，多需要借助花插和花泥固定花材。此类花器有盘面空间大、重心低、容花量多、稳定性好等特点，适合制作写景式插花。钵类花器的特点是身矮口阔，其高度介于瓶类花器与盘类花器之间，外形稳重、内部空间大、容花量多。筒类花器口与底部上下大小相仿，款式多，质地不一，是中国传统几大花器之一。异形花器是典型的时代发展的产物，包括英文造型、多孔式、卡通形象、水果造型、包装盒、生活用具等，是艺术生活化的最佳诠释。

◇ 异形花器

◇ 瓶类花器

◇ 筒类花器

◇ 钵类花器

02 花器材质类型

　　花器品种繁多，数不胜数。以制器材料来分，有玻璃、陶瓷、金属、木质和草编花器等。每一种材料都有自身的特色，用于插花会产生各种不同的效果，插花的造型构成与变化及所使用的花器有直接的关系。在插花创作时，要根据不同的场合、不同的设计目的和用途来选择合适的花器。

玻璃花器

　　玻璃花器或许是所有花器中选择性最多的一类，跟一些陶瓷类的花器相同，它有储水性和耐高温的特点。玻璃花器的魅力在于它的透明感和独特的光泽。

　　玻璃花器分为透明、磨砂和水晶刻花等几种类型。如果单纯为了插花用，选择透明或磨砂的就可以，因为观花是目的，花器只是插花用的工具。刻花的水晶玻璃花瓶，除可用来插花外，其本身就是艺术品，具有极强的观赏性，但价格昂贵。由于视觉的限制不大，素简的长方形、正方形或圆柱形清澈玻璃花器是创作插花时容易使用的器皿。而彩色玻璃花器比较会限制花材颜色的选择，需更具创意巧思。

　　从色彩上来说，玻璃花器含有钽的红色、含有钴的蓝色、含有铝的绿色、含有锰的紫色，不断使玻璃花器的色彩有了大的突破。另外，因色彩配方的不断调整，金黄色、紫红色、乳白色等也相继登场，五彩纷呈，形成了梦幻般的效果。

　　玻璃花器可以单独使用，也可以成体系整套组合使用。一组玻璃花器最起码要保持材质、颜色和风格的统一搭配，根据不同的空间调整各个形态玻璃器皿的摆放位置，需要记住一点的是，即使是自己组合，也要保持花器与空间的"三角定律"。

◇ 玻璃花器晶莹剔透的质感，使得搭配的花材显现出更强的观赏性

◇ 手绘彩釉的陶瓷花器显得典雅大方

陶瓷花器

　　陶瓷花器为陶质和瓷质花器的统称，是使用历史最为悠久的花器之一，也是东方插花和西方插花经常使用的花器。瓷器的种类多受传统影响，极少创新。相对而言，陶器的品种极为丰富，或古朴或抽象，既可作为家居陈设，又可作为插花用的器饰。在装饰方法上，有浮雕、开光、点彩、青花、叶络纹、釉下刷花、铁锈花、窑变和釉等几十个品种之多。

　　陶瓷花器可分成朴素与华丽两种截然不同的风格，朴素的花器是指单色或未上釉的类型；华丽的花器则是指花器本身釉彩较多，花样、色泽都较为丰富的类型。

◇ 未经上釉的粗陶花器具有拙朴的质感

金属花器

金属花器是指由铜、铁、银、锡等金属材料制成的花器。金属花器的可塑性非常出色，不论是纯金属或以不同比例熔铸的合成金属，只要加上镀金、雾面或磨光处理，以及各种色彩的搭配，就能呈现出各种不同的效果。金属的坚硬度和延展性也是一大特点，很多金属花器被做成几何形悬挂在空间中，别有一番风味。方形的不锈钢花器拥有极简的特性，金属自带的未来感给花器增加许多质感。当然也有不那么冷酷的金属花器，比如黄铜材质的花器，和颜色深一些的绿植组合在一起更佳。

◇ 雕刻精美的金属花器具有浓郁的古典气息

◇ 黄铜材质的花器衬托出欧式风格的华丽感

木质和草编花器

　　木质花器颜色朴实，经常被用于衬托颜色不那么显眼的植物。很多木质的花器都很有造型感，木头的纹理也很有自然美感，因此只需要少量的花材就能与木质的花器一起打造一个令人感觉舒适的小角落。木质花器还有一个比较特殊的系列，就是竹器。竹子是象征东方文化的元素之一，因此竹子做的花器也不免少了些艳俗，多了几分禅意。这种花器适合日式或中式空间使用，并且对花材的需求量不大，只追求意境。

　　草编花器是由草制成的花器。由于草是自然植物，所以编织出来的花器拥有一种自然的风情，适合北欧风格或田园风格。草编花器的种类多种多样，一般要做防水处理。如果用来装饰干花也会有意想不到的效果。

◇ 草编花器

◇ 木质花器

03 花器风格搭配

现代风格花器

现代风格空间可考虑线条简洁、颜色相对纯粹与透明，但是造型奇异的花瓶。花器的材质包括玻璃、金属和陶瓷等。

北欧风格花器

北欧风格的花器通常是玻璃或陶瓷材质，偶尔会出现金属材质或者木质的花器。花器的造型基本呈几何形，如立方体、圆柱体、倒圆锥体或者不规则体。

美式风格花器

美式风格花器常以陶瓷材质为主，工艺大多是冰裂釉和釉下彩，通过浮雕花纹、黑白建筑图案等进行设计。此外也会出现一些做旧的铁艺花器、晶莹的玻璃花器以及藤质花器等。

工业风格花器

工业风格空间经常利用化学试剂瓶、化学试管、陶瓷罐或者玻璃瓶作为花器。因为偏爱树形高大的宽叶植物，与之搭配的是金属材质的圆形或长方柱形的花器。

中式风格花器

中式风格花器的选择要符合东方审美，一般多用造型简洁，中式元素和现代工艺结合的花器。除了青花瓷、彩绘陶瓷花器之外，也可选择粗陶花器营造禅意氛围。

欧式古典风格花器

欧式古典风格花器带有明显的奢华与文化气质，可以考虑选择带有欧洲复古元素的花器，如复古双耳花瓶、复古单把花瓶、高脚杯花器等。

第二节 插花搭配法则

01 东西方插花特点

东方式插花

东方式插花是以中国和日本插花风格为代表的一类插花艺术。根据历史典籍考证，中国是东方式插花的起源地。中国插花历史悠久，早在 1500 多年前的南北朝时期就有借花献佛之说，也就是人们常说的佛前供花。隋唐时期，日本使者将佛教知识和佛前供花带回日本，花道也在那时在日本生根发芽，被很好地传承和发扬。

东方式插花注重意境和内涵思想的表达。用花数量上不求多，一般只需要插几枝便能起到画龙点睛的作用，多用青枝绿叶勾线衬托。东方插花艺术崇尚自然，讲究优美的线条和自然的姿态。其构图布局高低错落，俯仰呼应，疏密聚散。按植物生长的自然形态，又有直立、倾斜和下垂等不同的插花形式。

◇ 东方式插花追求意境的表达，花材数量不多，讲究优美的线条和自然的姿态

西方式插花

西方式插花也称欧式插花，起源于地中海沿岸。远在公元前 2500 年前，在古埃及法老贝尼哈桑的墓壁上就有瓶插睡莲的壁画。古希腊人常在落地的大花瓶中插花，用之装饰结婚的新房，烘托喜庆气氛。后来，这些插花装饰的形式，随着贸易往来、战争和文化交流，逐渐从埃及、希腊和罗马传到意大利、英国、法国和荷兰等国。特别是在荷兰得到发展壮大，使其逐渐形成一门完整的西方插花艺术。

西方式插花具有西方艺术的特色，不讲究花材个体的线条美和姿态美，只强调整体的艺术效果。它的造型较整齐，多以几何图形构图，讲究对称与平衡。插花色彩力求丰富艳丽，着意渲染浓郁的气氛。花材种类多，用量大，追求繁盛的视觉效果，所选花材还具有一定礼仪含义。西方式插花常见的有半球形插花、三角形插花、圆锥形插花等类型。

◇ 西方式插花花材数量较多，色彩上力求丰富艳丽，强调整体艺术效果

02 插花风格搭配

中式风格插花

　　中式传统插花具有独特的风格和鲜明的特征。因其受道教、佛教思想的影响，认为万物皆有灵性，因而常根据花木的习性，把无语的花草，赋予人的感情和生命力，追求花材的自然之美，赋予花材丰富的内涵与象征性，并注重花材与花器、几架以及摆放环境的统一。

　　中式插花讲究形似自然，不能有明显的人工痕迹，花材往往取用身边随手可得的材料，路边的野花野草、枯树枝等，使其焕发出新的魅力。中式插花一般由三根枝条构成，其中主枝最粗、最短，主枝上的花朵是最大的。

◇ 中式风格的插花取材较为简洁单一，具有自然野趣，毫无刻意造作之气

◇ 松柏盆景在传统文化中寓意美好，经常出现在中式风格的空间中

日式风格插花

日式家居风格一直受日本和式建筑影响，强调自然主义，重视居住的实用功能。插花的点缀也同样不追求华丽名贵，表现出纯洁和简朴的气质。

日式风格插花以花材用量少、选材简洁为特点。虽然花艺造型简单，却表现出了无穷的魅力。就像中国的水墨画一样，能用寥寥数笔勾勒出精髓，可见其功底。在花器的选择上以简单古朴的陶器为主，其气质与日式风格自然简约的空间特点相得益彰。日本风格插花根据样式和技法的不同派生出各种流派，最具有代表性的是池坊、小原流和草月流三大流派。

◇ 日式插花以花材用量少，选材简练为特征，造型上以线条为主，讲究意境，崇尚自然

◇ 日式风格的插花常选择质感古朴的陶瓷花器，表现禅意之美

乡村风格插花

乡村风格在美学上崇尚自然美感，凸显朴实风味，插花和花器的选择也应遵循自然朴素的原则。花器不要选择形态过于复杂和精致的造型，花材也多以小雏菊、薰衣草等小型花为主。不需要造型，随意插摆即可。其中美式乡村风格的插花要突出乡野的自然感，因此更适合用一些花朵较小，花瓣细碎的野花，来烘托居室的田园气质，花器也适宜选用石器或者素烧陶等自然纯朴的材质。

乡村风格的插花可以在一个空间中摆放多个，或者组合出现，营造出随意自然的氛围。

◇ 乡村风格的插花通常随意插摆，营造出乡野自然的感觉

◇ 做旧工艺的陶瓷花器是搭配乡村风格插花的常见选择

◇ 薰衣草的插花装饰是法式乡村风格的特征之一，打造出普罗旺斯的浪漫

法式风格插花

　　法式风格插花的设计灵感来源于大自然本身，综合古典油画、文化史及法国人独有的自由浪漫精神，充分观察理解鲜花和植物的个性、姿态，以其生长的自然势态来创作。法式插花不注重刻意的手法或者是技巧，它更注重花材本身形态的呈现，让其自然地伸展以还原植物本身的姿态美。法式风格的插花多以清新浪漫的蓝色或者绿色调为主，铜拉丝质感的花器在法式风格中很常见，给人浪漫精致的感官体验。法式田园风格空间常装饰一些插在壶中的香草和鲜花，如果家里增加一些薰衣草的装饰，那就是对法式浪漫风情的最佳表达。

　　相对于韩式清新可爱的插花风格，法式插花更加趋于自然和浪漫；相对于英式厚重浓烈的田园插花风格，法式插花更加清新，同时又带了一点普罗旺斯的浪漫和优雅；相对于美式插花的规规矩矩，法式插花线条蓬松感更强，所以看上去更富有野生魅力。

◇ 法式新古典风格的插花常见清新浪漫的蓝色，在造型上追求繁盛的视觉效果

现代风格插花

现代风格家居一般选择造型简洁、体量较小的插花作为点缀，插花数量不能过多，一个空间最多两处。花器造型上以线条简单或几何形状的纯色为佳，白绿色的花艺或纯绿植与简洁干练的空间是最佳搭配。精致美观的鲜花，搭配上极具创意的花器，使得简约风格的空间内充满时尚与自然的气息，在视觉上制造出清新纯美的感觉。

◇ 白绿色的花艺搭配玻璃花器是现代风格家居常见的插花方案

◇ 现代风格插花的造型追求简洁，体量不宜过大

03 插花色彩搭配

插花色彩的配置具体可以从两个方面入手：一是花材之间的色彩关系；二是花材与花器之间的色彩关系。

花材之间的色彩关系

花材之间可以用多种颜色来搭配，也可以用单种颜色，要求配合在一起的颜色能够协调。插花中的青枝绿叶起着很重要的辅佐作用。枝叶有各种形态，又有各种色彩，如运用得体能收到良好的效果。在同一插花作品中，要以一种色彩为主，将几种色彩统一形成一种总体色调。插花中所追求的色彩调和就是要使这种总体色调自然而和谐，给人以舒适的感觉。

花材间的合理配置，还应注意色彩的重量感和体量感。色彩的重量感主要取决于明度，明度高者显得轻，明度低者显得重。例如在插花的上部用轻色，下部用重色或者是体积小的花体用重色，体积大的花体用轻色。

◇ 单颜色的花材加入一些白色小花的点缀，给人以协调美感的同时又不显单调

◇ 如果插花选用了多种颜色的花材，可考虑邻近色的搭配方案，例如红色与黄色的组合

每个插花作品中的色彩不宜过多，一般以 1~3 种花色相配为宜。选用多色花材搭配时，一定要有主次之分，确定一主色调，切忌各色平均使用。除特殊需要外，一般花色搭配不宜用对比强烈的颜色。例如红、黄、蓝三色相配在一起，虽然很鲜艳、明亮，但容易给人以刺眼的感觉，应当穿插一些复色花材或绿叶缓冲。如果不同花色相邻，应互有穿插呼应，以免显得孤立和生硬。

花材与花器的色彩关系

插花艺术讲究花材与花器之间的和谐之美，花器的色泽选择清雅素淡或斑斓艳丽，都需要与所选花卉相结合。花材的颜色素雅，花器色彩不宜过于浓郁繁杂，花材的颜色艳丽繁茂，花器色彩可相对浓郁一些。一般来说，插花还可以利用中性色进行调和，如黑色、白色、金色、银色、灰色等颜色的花器，对花材有调和作用。

◇ 空间的整体色调偏深，花材与花器之间形成一组高明度的色彩对比，增加视觉亮点

◇ 选择中性的白色花器，能更好地衬托出色彩艳丽的花材

第三节 精装房空间插花搭配方案

Point

01 客厅插花

客厅空间相对开阔，所以应注意多种插花形式的组合使用。插花应摆放在视线较明显的区域，同时要与室内窗帘布艺等元素相互呼应。除了考虑花色与花器的搭配适宜之外，花卉的芬芳香味也可列入布置的重点，以充分创造出舒畅愉快的起居空间。在节日时，可选用节日主题的花材，烘托过节氛围。例如，过年时就可以用云龙柳、蝴蝶兰、观赏菠萝、火鹤等较耐久又具有吉祥意味的植物为花材。如需要，可用绿色造型的叶子当背景花材，可适度使用与节日相关的装饰品，用缎带、包装纸、仿真花串、蜡烛等做陪衬饰配件。

客厅能布置花艺的地方很多，以沙发为基点，周围的茶几、桌子、电视柜、窗台、壁炉等都是展现插花的理想位置。其中客厅的壁炉上方是花器摆放的绝佳地点，成组的摆放应注意高低的起伏，错落有致。但不要在所有花器中都插上鲜花，零星的点缀效果更佳。此外，在茶几上摆放一簇插花，可以给空间带来勃勃生机，但在布置时要遵循构图原则，切记随意散乱放置。由于茶几呈四面观向，所以该插花层次上以水平、椭圆为主。

除了花束，客厅还可以在落地窗边放上大型的吉祥植株，如幸福树、发财树等。客厅里的装饰柜如果足够高，还可以放上垂藤型植物，营造自然清新的气息。

◇ 欧式客厅的壁炉上方是摆设插花的绝佳位置，但在布置时应注意和其他摆件的搭配

客厅在选用花器上要以线条简单、造型别致为宜，且高度最好低矮一些。除了避免妨碍谈话空间与收看电视的视线之外，还因为花卉的摆放位置通常在沙发四周，是人员走动较为频繁的位置。而且，既然已放低视觉的水平线，那么最好以块状花或花束的形态呈现以凝聚视觉的焦点。

◇ 客厅茶几上方的插花可为空间增加生机感，但注意高度上避免遮挡住观看电视的视线

◇ 客厅中的大型绿植可考虑摆设在沙发一侧的窗户前面的位置

◇ 悬挂式电视柜的一侧摆设小型插花，为黑白灰空间增彩

02 餐厅插花

无论是圆桌还是长桌，插花都要摆在餐桌的中间位置。圆桌一般摆在正中央，而长桌则以桌子的宽为基准，一般不超过桌宽的 1/3，要预留出用餐区域。高度在 25~30cm 比较合适，以免阻挡用餐者交流的视线。如果室内房顶较高，可采用细高型花器或者需要做比较大型的插花设计。

餐桌的就餐人数通常是双人、四人、十人或十人以上不等，插花应根据餐桌大小而定。一般来讲，双人和四人桌，以小型花器为主，用一至几朵花，再点缀少许绿叶即可。十人或十人以上的餐桌，则可以选用多种形式，丰富餐桌的留白区域。一般可以西方式插花为主，也可以设置微景观，增加用餐的趣味性。

餐厅最主要的功能是用餐，其次是交谈。花材的选用不要过于喧宾夺主，尤其是色彩不要过于艳丽，选择橘色、黄色的花材会起到增加食欲的效果。花材的气味主要以清淡雅致为主，像栀子花、丁香等具有浓烈香味的花材容易引起就餐者的不适，还是少用为好。除了花材，叶材也是餐桌插花设计中用到较多的。如果设计中以叶材为主，或者完全运用叶材去装饰餐桌，会有一种素净自然的感觉。除了鲜花绿叶，其他植物如水果、蔬菜、盆栽、多肉等，也是餐桌插花设计中很受欢迎的元素。无论是单一种类，还是与花材结合，都会产生出其不意的效果。

◇ 餐厅中的插花通常摆设在餐桌的中间位置

◇ 完全运用叶材装饰餐桌给人素净自然的感觉，同时也避免了一些花材的气味影响进餐食欲

直接让盆栽上桌，也是一种餐厅插花的装饰方式。小型绿色植物或开花植物连花盆一起摆在餐桌上具有自然清新的感觉，尤其适合院子里的聚餐。但要注意，不要让泥水溢到桌上，要保持桌面的清洁卫生。

◇ 餐厅中的插花应注意与餐椅以及其他摆件的色彩形成呼应

03 卧室插花

卧室摆设的插花应有助于创造一种轻松的气氛，以便帮助居住者尽快消除一天的疲劳。花材色彩不宜选择鲜艳的红色、橘色等刺激性过强的颜色，应当选择色调纯洁、质感温馨的浅色系插花，与玻璃花瓶组合则清新浪漫，与陶瓷花瓶搭配则安静脱俗。

卧室里插花摆放的位置应根据插花的大小、花形的不同来设计。如卧室里的书桌、写字台和床头柜等，应该摆放小型的插花；卧室的窗台上可以摆放一些中小型的插花。如果卧室的面积比较大，可以摆放悬垂式插花，如在天花板吊垂常春藤。

儿童房宜选择色调明快、儿童喜爱的植物，如彩叶草、变叶木、西瓜叶等，以利于培养儿童热爱大自然的情趣，启发儿童的思维。同时，由于儿童活泼好动，尽量不要悬吊植物和大盆花卉，以免危及人身安全。

+ 奥迅设计

◇ 卧室中的插花如果与台灯、相框等组合摆放，应遵循三角构图的原则

+ 恩万设计

◇ 粉色的插花显得娇嫩甜蜜，呼应了公主房的设计主题

◇ 面积相对较大的卧室空间需要有仪式感的软装搭配，可选择在床尾电视柜的两侧对称摆设落地式插花进行装饰

04 书房插花

书房是家中学习和工作的场所，需要营造幽雅清静的环境气氛。如果书房面积较小，就可以选择花器体积较小，花束较小的插花，以免产生拥挤的感觉。如在小巧的花器中插置一两枝色淡形雅的花枝，或者单插几枚叶片，几枝野草，就会倍感优雅别致。风铃草、霞草、桔梗、龙胆花、狗尾草、荷兰菊、紫苑、水仙花、小菊等花材均宜采用。面积大的书房可以选用那些体积大、有气势的花器，比如落地陶瓷花器。

此外，书房可摆放一些清香淡雅的绿植，比如菖蒲、文竹等。还可以在书桌或电脑桌上摆上一些欧式风格的仿真花盆栽。每当看书或者使用电脑累了的时候看一眼会让人消除疲劳，同时也增加了整个房间的浪漫气息。

◇ 在中式风格书房中，松柏盆景搭配根雕摆件更能营造出幽雅清净的文化氛围

◇ 小型盆栽、中型插花与大型绿植巧妙搭配，在书房中形成一个立体式的花艺组合

◇ 深木色的美式书房空间显得厚重大方，运用洋红色的插花可起到提亮空间的点睛作用

05 厨卫插花

厨房中的花器尽量选择表面容易清洁的材质，插花尽量以清新的浅色为主，设计时可选用水果、蔬菜等食材搭配，这样既能与窗外景色保持一致，又保留了原本花材质感的淳朴。厨房摆放的插花要远离灶台、抽油烟机等位置，以免受到温度过高的影响，同时还要注意及时通风，给插花一个空气质量良好的空间。

卫浴间的面积较小，可摆放一些不占地方的体态玲珑的插花，显得干净清爽。盥洗台上可以添置几个花架，摆上插花后能让卫浴间花香四溢，生机盎然。由于卫浴间的墙面空间比较大，可以在墙上布置一些壁挂式插花，以点缀美化空间。卫浴间应挑选耐阴、耐潮的植物，如蕨类、绿萝、常春藤等，或根据空间的风格选择仿真花卉植物。通常清新的白绿色、蓝绿色是卫浴间插花的很好选择。

◇ 盥洗台的一侧适合摆设防潮性能佳的玻璃花器，实用的同时给卫浴空间带来绿意与生机

◇ 厨房中的中岛区因为远离灶台，是摆设插花的合适位置

◇ 壁挂式的绿植让人仿佛置身于自然中，通常适合面积较大的卫浴间

06 玄关与过道插花

　　玄关处的花艺作品通常较为小巧，是镜子或是装饰画旁的点睛之笔。通常偏暖色的插花可以让人一进门就心情愉悦。另外还要考虑光线的强弱，如果光线较暗，除了应选用耐阴植物或者仿真花、干枝之外，还要选择鲜艳亮丽、色彩饱和度高的插花，营造一种喜庆的氛围。

　　由于过道空间一般都比较窄小，最好选用简洁、整齐，颜色活泼的插花，不宜过大，以瘦高型插花为宜。这样既节省了空间，又可以营造出轻松欢快的氛围。此外，也可以在过道尽头增加一个边柜，搭配插花与一些小摆件，既能收纳又能装饰。

◇ 过道尽头边几上的插花通常与其他摆件、装饰画等组成端景，在摆设时应注意一定的构图原则

◇ 过道处的插花宜选择瘦高的造型，节省空间的同时也提升了视觉层高

◇ 玄关处的插花与花器宜色彩鲜艳亮丽，给人一种宾至如归的喜庆氛围

很多国外的软装设计师经常称地毯为家里的"第五面墙"，可见地毯对于精装房软装的重要程度。地毯的材质很多，选择时最好根据每种地毯材质的优缺点，综合评估不同材质的性价比，然后根据装饰需要选择物美价廉的地毯。地毯的颜色多样，并且每一种颜色的地毯给人不一样的内涵和感受，在软装搭配时可以将居室中的几种主要颜色作为地毯的色彩构成要素，这样选择起来既简单又准确。在保证了色彩的统一调性之后，最后再确定图案和样式。

第十章

地毯类型与铺设方案

第一节 精装房地毯类型

 01 地毯材质

地毯的材质很多，一般分为纯毛、混纺、化纤、真皮、麻质等6种，不同的材质在视觉效果和触感上自然也是大相径庭，例如纯毛材质给人的触感温柔舒适，而麻的质感则比较粗糙，给人感觉粗犷。除了棉麻之外，比较常见的地毯便是纤维材质的了。地毯的纤维材料一般分为天然纤维和工业纤维两种，后者比前者更加环保耐用，清洗起来也没有太多的讲究,是很多家庭的首选。

纯毛地毯	纯毛地毯一般以绵羊毛为原料编织而成，价格相对比较昂贵。纯毛地毯通常多用于卧室或更衣室等私密空间，比较清洁，也可以赤脚踩在地毯上，脚感非常舒适。	
混纺地毯	混纺地毯是由纯毛地毯加入了一定比例的化学纤维制成。在花色、质地、手感方面与纯毛地毯差别不大。装饰性不亚于纯毛地毯，且克服了纯毛地毯不耐虫蛀的缺点。	
化纤地毯	化纤地毯分为两种，一种使用面主要是聚丙烯，背衬为防滑橡胶，价格与纯棉地毯差不多，但花样品种更多；另一种是仿雪尼尔簇绒系列纯棉地毯，形式与其类似，只是材料换成了化纤，价格便宜，但容易起静电。	
真皮地毯	真皮地毯一般指皮毛一体的地毯，例如牛皮、马皮、羊皮等，使用真皮地毯能让空间具有奢华感。此外，真皮地毯由于价格昂贵，还具有很高的收藏价值。	
麻质地毯	麻质地毯分为粗麻地毯、细麻地毯以及剑麻地毯等，是一种具有自然感和清凉感的材质，是乡村风格家居最好的烘托元素，能给居室营造出一种质朴的感觉。	
碎布地毯	碎布地毯是性价比最好的地毯，材料朴素，所以价格非常便宜，花色以同色系或互补色为主色调，清洁方便，放在玄关、更衣室或书房中不失为物美价廉的好选择。	

现代风格地毯

现代风格空间中既可以选择简洁流畅的图案或线条，如波浪、圆形等抽象图形，也可以选择单色地毯，颜色在协调家具、地面等环境色的同时也要形成一定的层次感。

02 地毯风格

美式风格地毯

美式风格地毯以淡雅的素色为首选，传统的纹样和几何纹也很受欢迎，圆形、长椭圆形、方形和长方形编结布条地毯是美式乡村风格标志性的传统地毯。

◇ 现代风格地毯

北欧风格地毯

北欧风格地毯有很多选择，除了单色地毯以外，黑白两色的搭配也是北欧风格地毯经常会使用到的颜色。通常几何图案的地毯具有一种秩序感和形式美，会显得空间更加整洁。

◇ 美式风格地毯

◇ 北欧风格地毯

欧式古典风格地毯

欧式古典风格地毯的花色很丰富，多以大马士革纹、佩斯利纹、欧式卷叶、动物、建筑、风景等图案为主，材质一般以羊毛类的居多。

◇ 欧式古典风格地毯

东南亚风格地毯

浓厚亚热带风情的东南亚风格地毯，休闲妩媚并具有神秘感，常常搭配藤制、竹木的家具和配饰，可选用植物纤维为原料手工编织的地毯。

◇ 东南亚风格地毯

新中式风格地毯

新中式风格空间的地毯既可以选择具有抽象中式元素的图案，也可选择传统的回纹、万字纹或描绘着花鸟山水、福禄寿喜等中国古典图案。

◇ 新中式风格地毯

新古典风格地毯

新古典风格空间可考虑带有欧式古典纹样、花卉图案的地毯，可以选择一些偏中性的颜色。在大户型或者别墅中，带有宫廷感的地毯是绝佳搭配。

◇ 新古典风格地毯

第二节 地毯色彩搭配与应用法则

01 地毯色彩搭配重点

很多地毯通常有两种重要的颜色，称为边色和地色。边色就是手工地毯四周毯边的主色，地色就是毯边以内的背景色，而在这两种颜色中，地色占了毯面的绝大部分，也是软装时应该首要考虑的颜色。

更多的作用是装饰，将空间的氛围和质感烘托起来。

手工地毯的图案风格虽然复杂，但都非常经典。如果家里铺了手工地毯，那么在其他软装饰物上，都可以用比较经典的图案，比如斑马纹、格子纹、佩斯利纹样等。

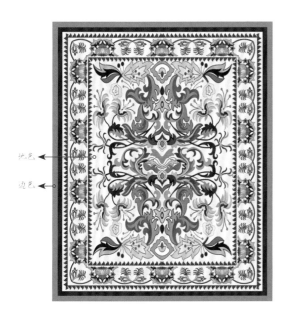

地色
边色

在铺地毯时，要让地毯的地色与家里的软装饰品、装饰画的颜色保持在同一个色系，这样就能避免空间的视觉杂乱感。此外，还可以选择一两个与地毯纹样类似的软装饰品，这样就能最大限度地保证空间风格和谐。如果家里已经有比较复杂图案的装饰，比如窗帘、椅面和软装饰品等，再选择图案复杂的地毯会显得空间过于张扬凌乱，此时可以退而求其次，选择一条小尺寸的地毯，

 CMYK
51 5 16 0

CMYK
75 25 9 0

CMYK
73 35 47 0

◇ 地毯与餐椅以及餐桌摆饰的色彩保持在同一色系，并通过纯度和明度的变化营造层次感

在进行精装房的软装搭配时，应把地毯放在第一位考虑。地毯选好后，墙面、沙发、窗帘和抱枕都可以按照地毯的颜色去搭配，这样就会省心很多。比如地毯地色是米色，边色是深咖色，花纹是蓝色，那么墙面和沙发可以选择米色，搭配一个或两个蓝色的单人休闲椅，窗帘可以选择米色或蓝色的，但尽量保证它们都是单色，花纹也不要过多，这样整个空间就会非常有气质。

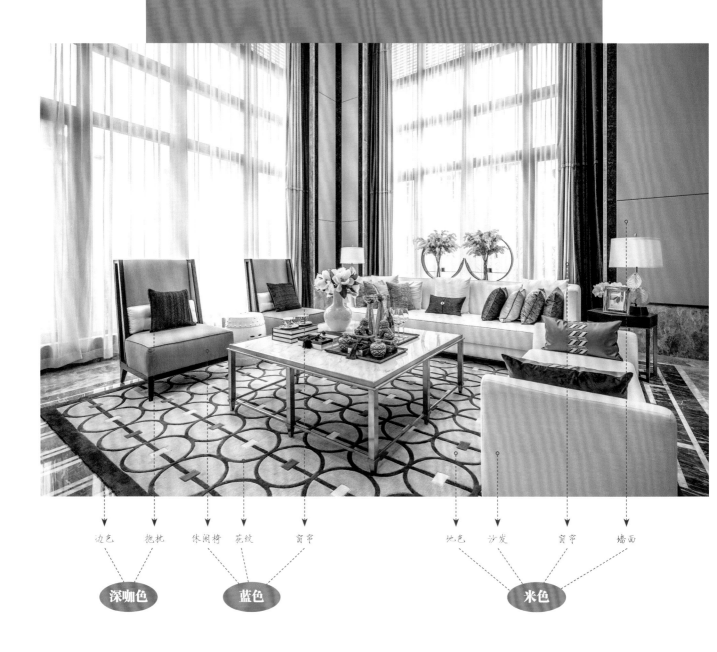

边色　抱枕　　休闲椅　花纹　　窗帘　　　　　地色　沙发　　窗帘　　墙面

深咖色　　　　蓝色　　　　　　　　　　　米色

条纹地毯

简单大气的条纹地毯几乎成为各种家居风格的百搭地毯，只要在地毯配色上稍加留意，就能基本适合各种风格的客厅。

几何纹样地毯

几何纹样的地毯简约不失设计感，不管是混搭还是搭配北欧风格的家居都很合适。有些几何纹样的地毯立体感极强，适合应用于光线较强的房间内。

动物纹样地毯

时尚界经常会以豹纹、虎纹为设计要素。这种动物纹理天然带着一种野性的韵味，这样的地毯让空间瞬间充满个性。

格纹地毯

在软装配饰纹样繁多的场景里，一张规矩的格纹地毯能让热闹的空间迅速冷静下来而又不显突兀。

花纹地毯

精致的小花纹地毯细腻柔美；繁复的暗色花纹地毯十分契合古典气质。地毯上的花纹一般是根据欧式、美式等家具上的雕花印制而成的图案，散发着高贵典雅的气息。

植物花卉纹样地毯

植物花卉纹样是地毯纹样中较为常见的一种，能给大空间带来丰富饱满的效果，在欧式风格家居中，多选用此类地毯以营造典雅华贵的空间氛围。

02 地毯与空间环境的关系

在色调单一的居室中,铺上一块色彩或图案相对丰富的地毯,地毯的位置会立刻成为目光的焦点,让空间重点突出。在色彩丰富的家居环境中,最好选用能呼应空间色彩的纯色地毯。

在光线较暗的空间里选用浅色的地毯能使环境变得明亮,例如纯白色的长绒地毯与同色的家具、墙面相搭配,就会营造出一种干净纯粹的氛围。即使家具颜色比较丰富,也可以选择白色地毯来平衡色彩。在光线充足、环境色偏浅的空间里选择深色的地毯,能使轻盈的空间变得厚重。例如面积不大的房间经常会选择浅色地板,正好搭配颜色深一点的地毯,会让整体风格显得更加沉稳。

如果地面与某一件家具在色彩上有着过于明显的反差,通过一张色彩明度介于两者之间的地毯,就能让视觉得到一个更为平稳的过渡。如果地面的颜色与家具的颜色过于接近,在视觉上很容易会将它们混为一体,这个时候就需要一张色彩与它们二者有着明显反差的地毯,从视觉上将它们一分为二,而且地毯的色彩与二者的反差越大效果越好。如果空间中地面与主体家具的颜色都比较浅,很容易造成空间失去重心的状况,不妨选择一块颜色较深的地毯来充当整个空间的重心。

◇ 如果家具与地面色彩反差较大,地毯的作用是让两者之间在视觉上形成平稳的过渡

◇ 如果家具与地面的颜色过于接近,需要选择一张色彩与两者形成明显反差的地毯

◇ 纯白色的长绒地毯搭配同色的家具和墙面,给人一种纯净优雅的感觉

◇ 现代风格空间中，黑白撞色的地毯更能表达出强烈的时尚气息

03 不同色彩地毯的应用法则

　　纯色地毯能带来一种素净淡雅的效果，通常适用于现代简约风格的空间。相对而言，卧室更适合纯色的地毯，因为睡眠需要相对安宁的环境，凌乱或热烈色彩的地毯容易使人心情激动振奋，从而影响睡眠质量。如果是拼色地毯，主色调最好与某种大型家具相协调，或是与其色调相对应，比如红色和橘色，灰色和粉色等，和谐又不失雅致。在沙发颜色较为素雅时，运用撞色搭配总会产生让人惊艳的效果。例如黑白色一直都是很经典的拼色搭配，黑白撞色地毯经常用在现代都市风格的空间中。

◇ 拼色地毯的主色调应采用室内主要家具的同类色或邻近色

Point

04 地毯改善空间缺陷的技法

如果想用软装分隔空间，挑选一两块小地毯铺在就餐区和会客区，空间布局即刻一目了然；如果整个房间通铺长绒地毯，能收到收缩面积感，降低房高的视觉效果。地毯的色彩也尤为重要，深色地毯的收敛效果更好。在空间面积偏小的房间中，应格外注意控制地毯的面积，铺满地毯会让房间显得过于拥挤，而最佳面积应占地面总面积的二分之一至三分之二。此外，相比大房间，小房间里的地毯应更加注意与整体装饰色调和图案的协调统一。

有些精装房中会选择一些圆形的家具、灯饰或者镜子，为了强调这个物件或者与这个物件呼应，便可以选择一块圆形地毯。例如在玄关处，有一面圆形的穿衣镜，那么此时可以搭配一块小尺寸的圆形地毯，非常有型。如果餐厅的吊顶和餐桌都是圆形的，也应搭配一条好看的圆形地毯，使整个空间的设计更加连贯。

如果室内出现有弧度的墙面，并且想突出这种建筑结构的曲线美，那么可以沿着墙面铺一块圆形地毯。有弧度的建筑结构一般在别墅上比较常见，会给人一种独特的印象，所以千万不要将这个空间浪费掉，用圆形的地毯装饰一下就能使其成为空间的一个设计亮点。

◇ 圆形地毯与家具的造型形成一种融合感

◇ 大面积的长绒地毯可收缩大空间的面积感

第三节 精装房空间地毯铺设方案

01 客厅地毯

如果客厅沙发颜色多样，可以搭配单色无图案的地毯。从沙发上选择一种面积较大的颜色，作为地毯的颜色，这样搭配会十分和谐，不会因为颜色过多显得凌乱。如果沙发颜色比较单一，而墙面为某种鲜艳的颜色，则可以选择条纹地毯，或自己十分喜爱的图案，颜色以比例大的同类色作为主色调。

客厅地毯尺寸的选择要与沙发尺寸相适应。当决定好怎么铺设地毯后，便可测量尺寸购买。注意，无论地毯是以哪种方式铺设，地毯距离墙面最好有 40cm 的距离。不规则形状的地毯比较适合放在单把椅子下面，能突出椅子本身，特别是当单把椅子与沙发风格不同时，也不会显得突兀。

◇ 客厅地毯的色彩应注意与沙发、单椅以及窗帘等室内主体色相协调

◇ 通常黑白色图案的地毯比较百搭，非常适合现代简约风格的客厅空间

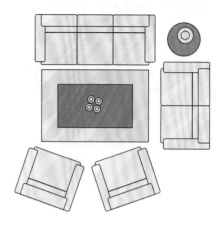

　　客厅的地毯可以使沙发椅子脚不压地毯边，只把地毯铺在茶几下面，这种铺毯方式是小客厅空间的最佳选择。

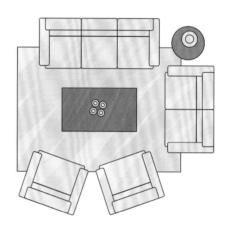

　　可以选择将沙发或者椅子的前半部分压着地毯。但这种铺毯方式要考虑沙发压着地毯多少尺寸，同时这种方式无论铺设，还是打扫地毯都十分不方便。

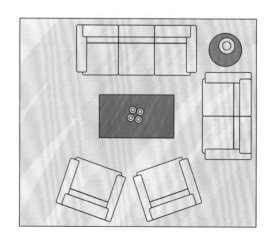

　　如果客厅比较大，可将地毯完全铺在沙发和茶几下方，定义了大客厅的某个区域是会客区。但注意沙发的后腿与地毯边应留出15~20cm 的距离。

02 卧室地毯

卧室区的地毯以实用性和舒适性为主，宜选择花型较小，搭配得当的地毯图案，同时色彩要考虑和家具的整体协调，材质上纯毛地毯和真丝地毯是首选。

◇ 卧室空间相对私密，地毯材质以纯毛或真丝为首选

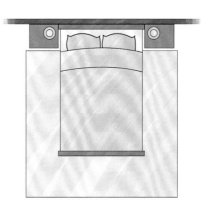

除床头柜和床头位置以外铺设地毯

卧室中的地毯还可铺在除了床头柜和与其平行的床以外的部分，并在床尾露出一部分地毯，通常情况下距离床尾90cm左右，但也可以根据家里的卧室空间自由调整。这种情况下床头柜不用摆放在地毯上，地毯左右两边的露出部分尽量不要比床头柜的宽度窄。

床的侧边铺设地毯

如果整个卧室的空间不大，床放在角落，那么可以在床边区域铺设一块手工地毯，可以是条毯或者小尺寸的地毯。地毯的宽度大概是两个床头柜的宽度，长度跟床的长度一致，或比床略长。

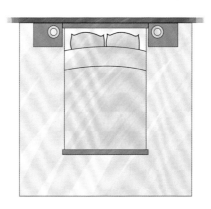

床和床头柜下方铺设地毯

如果床是摆在房间的中间，可以选择把地毯完全铺在床和床头柜下，一般情况下，床的左右两边和尾部应分别距离地毯边90cm左右，当然可以根据卧室空间大小酌情调整。

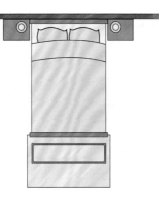

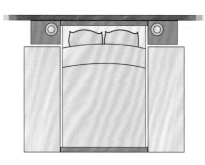

床尾铺设地毯

　　如果床两边的地毯跟床的长度一致，那么床尾也可选择一块小尺寸地毯，地毯长度和床的宽度一致。地毯的宽度不超过床长度的一半。或者单独在床尾铺一块地毯。

床两侧铺设地毯

　　如果觉得在床和床头柜下方铺地毯太过麻烦，还需要把床搬来搬去的话，最简便的方法就是在床的左右两边各铺一块小尺寸的地毯。地毯的宽度约和床头柜同宽，或者比床头柜稍微宽一些，床头柜不压地毯，地毯长度可以根据床的长度而定，也可以超出床的长度。

双人床卧室的三类地毯搭配方案

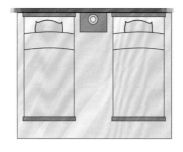

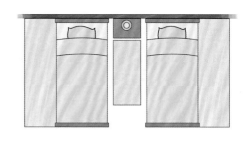

　　双人床的中间区域，可以在床下的大地毯上再铺一块小地毯。

　　将地毯完全铺在床和床头柜下。

　　选择 3 块条形地毯分别铺在床两边及中间的空地上。

03 餐厅地毯

选择餐厅地毯时，抗污能力强的地毯应该是首选。可选择一种平织的或者短绒地毯。因为平织地毯的毯面没有绒头，由线织成，就像很厚的布料一样，所以不容易藏污纳垢。质地蓬松的地毯比较适合起居室和卧室。如果餐厅中的地毯是最先购买的，那么可以通过它作为餐厅总体配色的一个基调，从而选择墙面的颜色和其他软装饰品，保证餐厅色调的平衡。

地毯的尺寸一定要超过人坐下吃饭的范围。这样既美观，又能避免拉动椅子时损坏地毯。一般情况下，餐桌边缘向外延伸60~70cm，就是地毯的尺寸了。当然也可以根据餐厅的实际情况进行调整，但是最好不要少于60cm，这样既舒适又美观。此外，餐厅地毯距离墙面也不要太近，两者相距至少要20cm。如果餐厅比较小，那么地毯与墙面之间最好留出40~50cm的距离，才能让空间显得不那么拥挤。

如果根据餐桌的形状选择地毯，圆形的餐桌与圆形地毯和正方形地毯比较搭配，长方形和椭圆的餐桌更适合长方形的地毯，正方形的餐桌适合搭配正方形的地毯，也可以搭配圆形地毯。

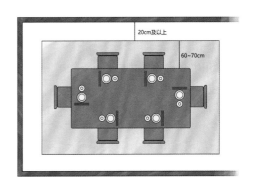

餐厅地毯铺设尺寸

◇ 餐厅地毯应与桌旗、装饰画等软装元素的色彩形成整体

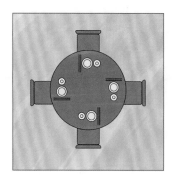
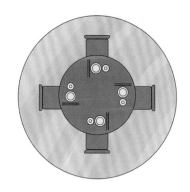

圆形的餐桌可选择圆形、正方形或者长方形的地毯

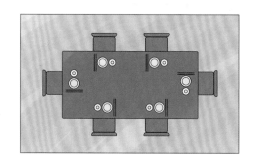

长方形餐桌适合选择长方形的地毯

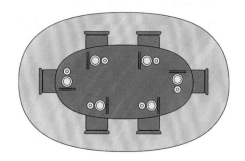
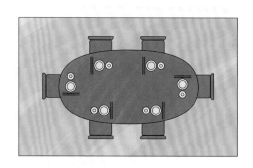

圆形的餐桌可选择圆形、正方形或者长方形的地毯

椭圆形的餐桌适合搭配椭圆形或长方形的地毯

04 玄关与过道地毯

　　玄关处的地毯一般放在大门的入口处或出口处，目的是为了方便从外面回来的人可以擦一下脏鞋子，避免弄脏地面而多了打扫卫生的概率。由于玄关地面使用频率高，因此应选择耐磨的地毯，比如黄麻地毯、化纤地毯等。玄关处摆放的地毯绒毛不宜过长或过密，因为此类地毯容易藏灰尘和滋生细菌。玄关地毯背部应有防滑垫或胶质网布，因为这类地毯面积比较小，质量轻，如没有防滑处理，从上面经过容易滑倒或绊倒。

　　对于比较狭窄的玄关，可以选择简单的素色地毯或线条感比较强烈的地毯，它可以在视觉上起到延伸的作用，让玄关看起来更大。要想使空间变大，还要学会充分地利用线条和颜色，横线线条、明快的颜色都能起到很好的效果。

　　选择过道地毯时可以把过道形状进行等比例缩小，这样视觉上才会平衡协调。如果过道比较狭长，视觉上看起来很单调，可以放置一条颜色丰富带横条纹的地毯，横条纹在视觉上易产生横向拉伸的感觉，让狭长的走廊在视觉上显得宽敞起来。

◇ 玄关处的地毯除美观外宜选择耐磨的材质，以满足使用的需求

过道地毯要离墙面40~90cm，长度随意而设，如果过道上放有家具，可以铺设在放置的家具一边

过道地毯也可以铺设在家具中间，将家具分隔开

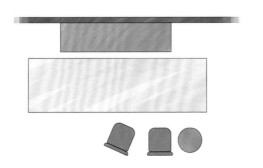

◇ 狭长的过道可选择横条纹的地毯，让视觉有向左右拉伸的感觉

05 厨卫地毯

在开放式厨房中布置地毯在国外是比较流行的，如果厨房空间比较大，而且通风情况比较好的话，也可以选择手工地毯，此外，小尺寸的地毯或者条毯都是不错的选择。

丙纶地毯多为深色花色，弄脏后不明显，清洁也比较简便，因此在厨房这种易脏的环境中使用是一种最佳的选择方案。此外，棉质地毯也是不错的选择，因为棉质地毯吸水吸油性好，同时因为是天然材质，在厨房中使用更加安全。但要注意放在厨房的地毯必须防滑，同时如果能吸水最佳，最好选择底部带有防滑颗粒的类型，不仅防滑，还能很好地保护地毯。

选择卫浴间的地毯，需要具备防滑、吸水、不发臭、耐用等特点，例如橡胶地垫或塑料地毯就很不错，但是这些地毯可能在美观上不尽如人意。所以，目前很多人会选择纯棉地毯，耐用又好看，通常会放在卫浴间的干区，或者是卫浴间的门口。

◇ 卫浴间的地毯应具备吸水的特点，同时放置在干区的位置

★ **常见厨房地毯铺设方案**

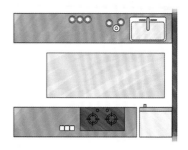

在厨房的通道上宜铺设条毯

◇ 开放式厨房选择一块手工地毯装饰地面是比较流行的做法

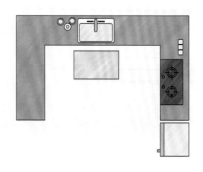

厨房洗手池下方区域铺设小尺寸地毯

抱枕是精装房软装的一个重要组成部分，不仅可以为空间营造温馨的氛围，而且还能极为强烈地展现出家居的个性与装饰风格。如今抱枕已不再局限于方方正正的四角形，圆的、长的、动物形状的、卡通的，越来越多的抱枕造型将家居环境装点得光鲜亮丽。此外，在色彩和造型上也融入了更多的奇思妙想，刺绣、珠花、羽毛、珠片、流苏、缎带等元素的应用，让小小的抱枕在家居空间中显得灵气十足。

「 精装房软装设计手册 」

第十一章

抱枕
色彩搭配与
摆设方案

第一节 抱枕类型选择

01 抱枕材料

抱枕主要由内芯和外包两个部分组成，通常内芯材料注重舒适度，而外包材料则注重与沙发以及家居空间的融合度。此外，还可以根据家居风格为抱枕设计不同的缝边花式，让抱枕在家居空间中的装饰效果显得更加饱满。

抱枕的外包材料多种多样。不同材料的抱枕都能给人带来不一样的使用体验。一般桃皮绒的抱枕较为柔软舒适，而夏天则比较适合使用纯麻面料的抱枕，因为麻纤维具有较强的吸湿性和透气性。除上述材料外，还有能够提升家居空间品质的真丝、真皮抱枕等，具体可根据实际要求挑选与定制。

抱枕外包材料

纯棉	纯棉面料是以棉花为原料，经纺织工艺生产的面料。以纯棉作为外包材料的抱枕，其使用舒适度较高。但需要注意的是，纯棉面料容易发生折皱现象，因此在使用后最好将其处理平整。	
蕾丝	蕾丝材料在视觉上会显得比较便薄，即使是多层的设计也不会觉得很厚重，因此以蕾丝作为包面的抱枕可以给人一种清凉的感觉，并且呈现出甜美优雅的视觉效果。	
亚麻	以亚麻作为外包材料制作而成的抱枕，具有清凉干爽的特点。此外，亚麻材质虽然表面的纹理感很强，在触摸时会有比较明显的凹凸感，但不会感觉到粗糙扎手，因此能够让抱枕呈现出自然且独特的气质。	
聚酯纤维	聚酯纤维面料是以有机二元酸和二元醇缩聚而成的合成纤维，是当前合成纤维的第一大品种，又被称为涤纶。将其作为抱枕的外包材料，结实耐用，不霉不蛀。	
桃皮绒	桃皮绒是由超细纤维组成的一种薄型织物，由于其表面并没有绒毛，因此质感接近绸缎。又因其绒更短，表面几乎看不出绒毛而皮肤却能感知，以至手感和外观更细腻而别致，而且无明显的反光。	

抱枕内芯材料

枕芯是抱枕的一个主要组成部分，其常见的种类主要有棉花、PP棉、羽绒、蚕丝等。此外，还有一些由高科技的复合材料制成的抱枕枕芯，在弹性回复力、保暖性、蓬松度、舒适感、耐洗性及使用寿命等方面，都有着更为优异的表现。此外，也可以采用天然填充物作为抱枕的枕芯，与复合纤维比起来，天然填充物不仅环保，而且舒适度也较高。

PP棉	相对于其他种类的抱枕填充物来说，PP棉不仅柔软舒适，价格比较便宜，而且还有着易清洗晾晒、手感蓬松柔软等特点，因此是目前市场上作为抱枕芯用得最多的一种填充物。	
羽绒	羽绒属于动物性蛋白质纤维，其纤维上密布千万个三角形的细小气孔，并且能够随着气温变化而收缩膨胀，产生调温的功能。因此羽绒抱枕具有轻柔舒适、吸湿透气的功能特点。	
棉花	棉花是最为常见的布艺原料，由于棉纤维较细有天然卷曲，截面有中腔，所以保暖性较好，蓄热能力很强，而且不易产生静电。因此以棉花为内芯的抱枕应定期晾晒，以保证最佳的使用效果。	
蚕丝	蚕丝也称天然丝，是自然界中最轻、最柔、最细的天然纤维。撤销外力后可轻松恢复原状，用蚕丝做成的抱枕内芯不结饼，不发闷，不缩拢，均匀柔和，而且可永久免翻使用。	

为抱枕设计缝边可以赋予其更为强烈的装饰效果。常运用在抱枕上的缝边花式主要有须边、荷叶边、宽边、内缝边、绲边及发辫边等。不同缝边的抱枕不仅能为家居空间带来别样的装饰效果，而且还可以衬托出家居空间的设计风格。例如须边、发辫边的抱枕能让古典风格的家居空间显得更加典雅庄重；生机勃勃的荷叶边抱枕能让乡村风格的家居空间显得更加清新自然；如果想让抱枕适用于多种家居风格，则可以为其搭配保守的内缝边或绲边。

◇ 荷叶边抱枕

◇ 发辫边抱枕

◇ 宽边抱枕

◇ 须边抱枕

02 抱枕风格

抱枕是能够改变家居气质的装饰元素，几个漂亮的抱枕往往就可以瞬间提升沙发区域的美观度，而且还能完美地展露出每个家居风格的独特气质。不同的家居风格对抱枕的搭配要求也不尽相同，其中的差异包括抱枕的材质、色彩等。此外，抱枕的花纹也是体现家居风格的重要元素之一，不同花纹的抱枕能起到衬托家居风格的作用。如英式风格的家居空间适合搭配富有英式特色的格子纹抱枕，而中式风格的家居空间则适合搭配饱含中式韵味的回纹图案抱枕。

北欧风格抱枕

兼具舒适和装饰功能的抱枕是北欧风格家居中必不可少的软装元素。经典的北欧风格抱枕图案包括黑白格子、条纹、几何图案的拼凑、花卉、树叶、鸟类、人物、粗十字、英文字母等，在抱枕材质的选择上也非常多样，如棉麻、针织以及丝绒等。还可以利用不同图案、不同颜色以及不同材质进行混搭，以达到更好的装饰效果。另外，在抱枕的造型上，大多为正方形或者长方形，而且通常不带任何边饰。

◇ 北欧风格抱枕

中式风格抱枕

抱枕是中式风格家居中不可或缺的软装元素之一。如果空间的中式元素比较多，抱枕最好选择简单、纯色的款式，通过正确把握色彩搭配，突出中式风格家居的韵味。如果家居空间中的中式元素较少，则可以在抱枕上搭配富有中式韵味的花纹及图案，例如花鸟图案等，展现出更为浓烈的中式风情。

◇ 中式风格抱枕

美式风格抱枕

美式风格的抱枕强调耐用性与实用性，在选材上十分广泛，印花布、纯棉布以及手工纺织的麻织物，都是很好的选择。在色彩上可选择土褐色、酒红色、墨绿色、深蓝色等，总体呈现出浓而不艳、自然粗犷的视觉效果。传统美式风格的抱枕注重空间的和谐搭配，多采用花草与故事性的图案。如果觉得大型图案很难驾驭，也可以选择大气高雅的纯色系抱枕，以体现出美式风格简单随性的空间特点。

◇ 美式风格抱枕

现代简约风格抱枕

现代简约风格的家居设计要体现简洁、明快的特点，因此在搭配抱枕时可选择纯棉、麻等自然简约的材质。在抱枕的色彩选择上，尽量选用纯色或几何图案。在现代简约空间中，选择条纹的抱枕肯定不会出错，它能很好地平衡空间中的色彩关系。此外，还可以根据地毯的颜色搭配抱枕，以加强空间中的色彩呼应，使家居空间的整体色彩、美感协调一致。

◇ 现代简约风格抱枕

英式风格抱枕

在表面绘以米字旗图案的抱枕，是提升英式家居气氛的绝佳物品，其红、白、蓝三色的构成，更是为空间制造了色彩亮点。英式风格抱枕在面料材质的选择上没有太多局限，选择棉麻面料可以增强布面图案的质感，如果追求更舒适的触感则可以选择法兰绒、天鹅绒等柔性面料。此外，模仿青花瓷的色调在白色棉布上刺绣蓝色图案的抱枕，是常见的英式新古典风格的抱枕样式。

东南亚风格抱枕

绚丽的泰丝抱枕是东南亚风格家居中最为抢眼的布艺搭配。由于藤艺家具常营造出一种镂空感，因此搭配一些质地轻柔、色彩艳丽的泰丝抱枕，可以在一定程度上消除这种空洞感。此外，泰丝抱枕比一般的丝织品密度大，所以垂感更佳，而且色彩绚丽，富有特别的光泽，图案设计也富于变化，因此不论是摆放在沙发上或者床上，都能展现出东南亚风格家居空间多彩华丽的感觉。

◇ 东南亚风格抱枕

◇ 英式风格抱枕

第二节 抱枕色彩搭配

抱枕在家居设计中扮演着重要的角色，为不同风格的家居空间搭配不同颜色的抱枕，能营造出不一样的空间美感。在总体配色为冷色调的家居环境中，可以适当搭配色彩艳丽的抱枕作为点缀，能够制造出夺目的视觉焦点。而像紫色、棕色、深蓝色的抱枕带有浓郁的宫廷感，厚重而典雅，并且透着浓厚的怀旧气息，因此比较适合运用在古典中式以及古典欧式的家居空间中。在实际的软装设计中，可运用一些技巧合理搭配抱枕的色彩。

若是对于抱枕的颜色搭配没有信心，那么可以尝试使用中性色的抱枕装饰家居。比如搭配一些带有纹理的白色、米色、咖啡色的抱枕，就能使沙发显得清新且不单调，并且能营造温暖的空间氛围。此外，也可以在以中性色为主的抱枕中间，搭配一个色彩比较显眼的抱枕来抓住视线，让抱枕的整体色彩搭配显得更有层次。

CMYK	CMYK	CMYK
57 1 8 0	19 98 20 0	89 85 0 0

◇ 色彩鲜艳的抱枕组合可活跃冷色调空间的氛围

◇ 棕色抱枕经常出现在中式风格的空间中

CMYK
65 65 62 11

◇ 中性色抱枕搭配方案

CMYK	CMYK
40 38 40 0	62 52 47 0

01 色彩平衡法

在家居空间中，抱枕的颜色可以说是五花八门，不仅有纯色的，还有各种图案、纹理、刺绣的抱枕。因此在搭配颜色的时候，要把握好尺度，并且控制好抱枕与家居色彩的平衡。

◇ 前后叠放的抱枕可考虑大的单色抱枕在后，小的图案抱枕在前

当家居的整体色彩比较丰富时，抱枕的色彩最好采用同一色系且淡雅的颜色，以压制住整个空间的色彩，避免家居环境显得杂乱。如果室内的色调比较单一，则可以在抱枕上使用一些色彩强烈的对比色，不仅能起到活跃气氛的作用，而且还可以让空间的视觉层次显得更加丰富。

◇ 整体色彩比较丰富的空间可选择同一色系的抱枕

此外，抱枕如果前后叠放的话，应尽量挑选单色系的与带图案的抱枕组合，大的单色抱枕在后，小的图案抱枕在前，这样在视觉上能够显得更加平稳。

颜色不同的抱枕搭配，还能起到在视觉上分割空间的作用。比如在开放式的家居环境中，只要为不同的功能区搭配色彩图案不一样的抱枕，就能在视觉上让贯通而功能又各不相同的开放空间显得既关联，又有着视觉上的明显区分。

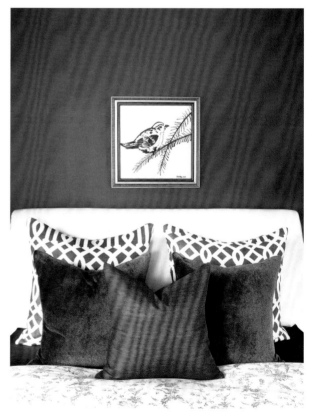

◇ 单一色调的空间可选择色彩对比强烈的抱枕

Point

02 色彩主线法

　　想要选好抱枕的颜色，应该先了解家居空间中的主体色彩是什么。家中如果搭配了较多的花卉植物，其抱枕的色彩或者图案也可以花哨一点。如果是简约风格的家居空间，则可以选择搭配条纹图案的抱枕，条纹图案能够很好地体现出简约风格家居简约而不简单的空间特点。此外，如果房间中的灯饰很华丽精致，那么可以按灯饰的颜色选择抱枕，起到承上启下的呼应作用。

CMYK 0 0 0 100　　CMYK 19 21 89 0　　CMYK 81 45 38 0

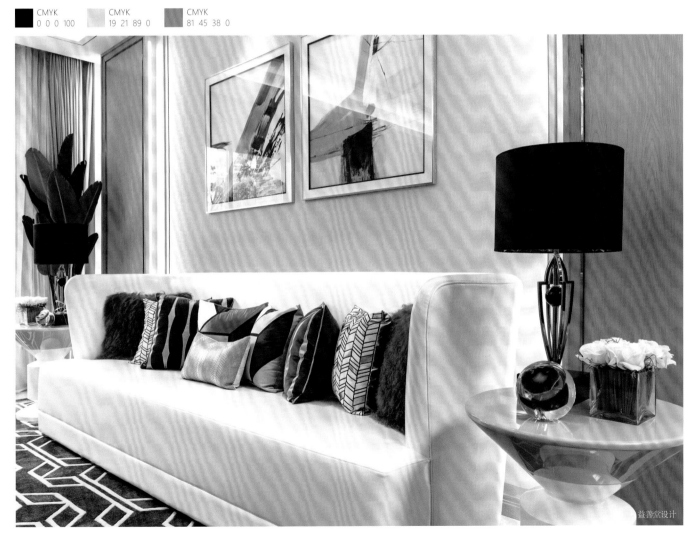

◇ 抱枕色彩可根据空间中的小家具、装饰画以及灯具等小物件进行选择，并且最好与地毯、窗帘等其他布艺形成呼应

◇ 纯色抱枕体现出现代简约气质

03 图案突显法

　　抱枕的图案是家居空间的个性展示，但在使用时要注意合理恰当。图案夸张、个性的抱枕少量点缀即可，以免在空间里制造出凌乱的感觉。假如家居的整体设计比较简约，建议为抱枕搭配纯色或者简洁的图案；如果整体的家居设计个性张扬，则可以选择具有夸张图案或者拼贴图案的抱枕；如果喜欢文艺，可以搭配一些灵感来自于艺术绘画的抱枕图案；此外，在给儿童准备抱枕时，为其搭配卡通动漫图案是最好的选择。

◇ 图案夸张的抱枕彰显居住者的个性

第三节 抱枕摆设方案

抱枕的搭配其实是有技巧的，比如客厅空间的沙发上，适合搭配边长22cm或24cm的正方形抱枕，这个大小的抱枕既不会占据沙发太多的空间，同时使用起来舒适度也较高，而且还可以起到点缀空间的作用。还可以在沙发的中部位置摆放12cm×20cm的小抱枕，从实用角度来说，将大尺寸抱枕放在沙发两侧边角处，可以解决沙发两侧坐感欠佳的问题，而将小抱枕放在中间，则可以最大限度地减少对沙发空间的占用。

此外，不建议沙发上放太多抱枕，以免影响沙发的正常使用。但如果想要尝试在沙发上堆放多个抱枕，则应进行合理的搭配设计，以带来最为舒适实用的效果。需要注意的是，抱枕应尽量根据款式、色彩、花纹等因素，进行组合搭配，这样才能让沙发区域的装饰显得更富有品质。

+ 林福星设计

◇ 在沙发上堆放多个抱枕，应根据色彩和造型等因素进行组合搭配

01 对称摆设法

抱枕不管是放在沙发上还是床上或者飘窗上，如果把几个不同的抱枕堆叠在一起，都会让人觉得拥挤、凌乱。这时，可以把抱枕对称放置，制造出整齐有序的视觉效果。如根据沙发的大小可以左右各摆设一个、两个或者三个抱枕，但要注意在选择抱枕时，除了数量和大小，在色彩和款式上也应该尽量根据平衡对称的原则进行选择。

02 随意摆设法

将抱枕对称摆放虽然可以加强空间的平衡感，但时间长了也容易形成单调乏味的感觉，因此可以尝试更具个性的随意摆设法。如在沙发的一头摆放三个抱枕，另一侧摆放一个抱枕，这种组合方式在视觉上比对称的摆放更富变化。需要注意的是，抱枕在随意摆放时，其大小款式以及色彩应该尽量接近或保持一致，以实现沙发区域的视觉平衡。

由于人总是习惯性地第一时间把目光的焦点放在右边，因此，将抱枕集中摆放时，最好都摆在沙发的右侧。除此之外，搭配一个跟抱枕同色系或者平行色系的沙发巾或者沙发毯，往往比抱枕配抱枕的摆设形式更能提升家居空间的温馨指数。

03 大小摆设法

一般客厅沙发上都会搭配 2~3 个大小不同的抱枕，因此，在摆放时应该遵循远大近小的原则。具体是指越靠近沙发中部，摆放的抱枕应越小。这是因为从视觉效果来看，离人的视线越远，物体看起来越小，反之物体看起来越大。因此，将大抱枕放在沙发左右两端，小抱枕放在沙发中间，在视觉上能给人带来更为平稳舒适的感受。

04 里外摆设法

在最靠近沙发靠背的地方摆放大一些的方形抱枕，然后中间摆放相对较小的方形抱枕，最外面再适当增加一些小腰枕或糖果枕。如此一来，整个沙发区不仅看起来层次分明，而且最大限度地提升了沙发的使用舒适度。此外，有的沙发座位比较宽，通常需要由里至外摆放几层抱枕用来垫背，这种情况下也应遵循这种原则。

装饰镜是每一个家居空间中不可或缺的软装元素之一，巧妙的镜面使用不仅能让它发挥应有的功能，更能够让镜面成为空间中的一个亮点，给室内装饰增加许多的灵动。在选择装饰镜的时候也需要根据不同的外观进行挑选，与室内整体相搭配的装饰镜才能带来最好的装饰效果，而不是让镜子在空间显得突兀。

第十二章

装饰镜与
类型应用
法则

第一节 装饰镜选择重点

01 装饰镜造型

镜子主要分为有框镜和无框镜两种类型。无框镜适合现代简约的装饰风格，可用多块小镜子的组合，像一块块装饰画一样，显得更加活泼。太阳轮壁镜自身带有优雅的曲线，所展现出的灵动感使它的装饰效果更强。镜子的整体造型参照古老瑰丽的太阳图腾的设计，使得它的复古金色光芒可以自然延展开来。法式风格家居的装饰镜常用雕刻繁复、精致华贵的边框。梅花镜是中式风格家居中常会用到的元素，带着一种禅意，宁静自然的感觉。

◇ 法式风格家居的装饰镜常用雕刻繁复、精致华贵的边框

◇ 多块无框小镜子的组合可取代装饰画的功能

装饰镜有各种各样的造型，每一种形状都有它的独特性，每一种款式都会产生不同的视觉效果。通常，圆形镜更多地用于装饰，椭圆形装饰镜更注重实用，其形状节省空间并且可以反映全高度。方形的装饰镜可以是纯粹的装饰性或功能性的。长方形镜具有最大反射面积，可用于装饰和反射。多边形与曲线形的装饰镜给人以视觉上的新颖感受。

◇ 中式风格家居中最常见的梅花镜

◇ 太阳轮壁镜常用于欧式风格家居

方形装饰镜

以正方形或长方形居多。特点是简单实用，覆盖面较广。一般竖型的长方形装饰镜会更多地照到人体，这样也比较方便居住者观察自己的形象。

◇ 方形装饰镜

圆形装饰镜

有正圆形与椭圆形两种。圆形镜相对于方形镜来说，视野稍微小了一些，但是圆形镜最大的特点就是因其造型圆润带来的艺术感。而且圆形镜的造型看似简单，但形状是比较难打磨出来的，比起方形的镜子，给人的感觉更加新颖。

◇ 椭圆形装饰镜

◇ 圆形装饰镜

多边形装饰镜

多边形装饰镜棱角分明，线条不失美观，整体风格较为简约现代，是除了方形镜子外不错的选择。有的多边形装饰镜带有金属镶边，增添了一些奢华感。

◇ 多边形装饰镜

曲线形装饰镜

边缘线条呈曲线状，造型活泼，风格独特，适合年轻活泼的家居风格，曲线镜可大可小，由多片镜子组合成造型使用效果更佳。

◇ 曲线形装饰镜

02 装饰镜颜色

装饰镜的镜面分为银镜、茶镜、灰镜等，其中银镜是指用无色玻璃和水银镀成的镜子；茶镜用茶晶或茶色玻璃制成，十分具有现代感；灰镜在简约风格的家居装饰中应用比较广泛。

在实际的软装搭配中，可以根据不同的室内风格选择装饰镜的颜色。不过如果用于家居装饰，可以多考虑采用茶色镜面，茶镜可以营造朦胧的反射效果，不但具有视觉延伸作用，增加空间感，也比一般的镜子更有装饰效果，既可以营造出复古氛围，也可以凸显时尚气息。茶镜与白色墙面或是浅色元素搭配时，更能强化视觉上的对比感受，但注意茶镜比较适合小面积的装饰应用。

◇ 灰镜

◇ 银镜

◇ 茶镜

01 装饰镜的功能

空间美化

　　随着装饰镜造型多样化，它已经成为精装房软装搭配中的重要组成部分，进行设计时应尽量选择一些装饰性比较强的镜面，和室内的家具相互调节搭配，以此来提升空间品质感。

　　更多的时候，装饰镜不是为了照人使用的，它可以像装饰画一样组合拼贴，打造类似照片墙的装饰感。例如把一些边角经过圆润化处理的小块镜面组合拼贴在墙面上，通过简单的排列打造出不同的装饰效果，富于变化的造型带来更加丰富的空间感觉。此外，除了镜子本身，做工精致的镜框也能成为室内墙面装饰的点睛之笔。

◇ 小块镜面拼贴组合的造型富有装饰性

◇ 做工精致的镜框也是墙面装饰的一部分

★ 提亮空间

　　精装房中的采光是非常重要的。但并非每个房子都拥有良好的采光条件。若遇见这样的情况，可以将装饰镜安放在室内房间中一些光线比较弱的地方，利用折射的原理将自然光线或其他空间的灯光引入，可以使房间的视觉感得到提亮，也会消除空间的压迫感。

视觉扩容

在空间狭小、层高低矮的房间里，适当运用装饰镜可以扩展和延伸空间，从视觉上调整房间的狭窄感。例如狭长形的玄关，在摆放了玄关柜之类的家具后就更显得拥挤，这时搭配一面装饰镜就会从视觉上改变小玄关的狭长逼仄感。

想要利用装饰镜实现空间扩容的话，对于镜子本身的造型没有太多要求，只需一面简单的镜子即可，但需要注意的是放置镜子时的角度问题。斜放的镜面可以拉升空间高度，适合比较矮的房间；而整块运用或是直角运用就能成倍加大空间视觉面积。

◇ 在面积狭小的空间中，装饰镜的运用可实现视觉上的扩容

02 装饰镜挂放位置

装饰镜的挂放位置非常重要，因为过多阳光照射在镜面上会对室内造成严重的光污染，起不到装饰效果的同时还会对居住者的身体健康产生影响。所以在为装饰镜选择挂放位置时，一定要避免挂在被阳光直射的墙面。

建议最好将装饰镜挂放在与窗户平行的墙面上，可以将窗外的风景引入室内，增加舒适感和自然感。如果因为条件不够不能安装在这个位置上，那么就要重点考虑反射物的颜色、形状与种类，避免房间内显得杂乱无章。可以在装饰镜的对面悬挂一幅装饰画或干脆用白墙加大房间的景深。

◇ 在适当位置挂放装饰镜，提亮空间的同时并利用其反射出室外或室内的景致

不同的房间对装饰镜的挂放高度也有不同的要求。想要将镜子作为装饰物体和焦点时，以保持镜面中心离地 1.6~1.65m 为佳，太高或者太低都可能影响到日常的使用。小镜子或一组小镜子的中心应处于眼睛水平的高度。观看装饰镜的推荐距离约为 1.5m，避免将人造灯直接照向镜子。

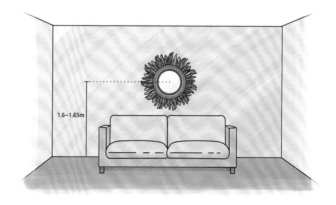

1.6~1.65m

◇ 悬挂装饰镜的合理高度

第三节 精装房空间装饰镜搭配方案

01 客厅装饰镜

客厅挂放装饰镜具有很好的装饰作用，映照在镜子里面的客厅就像一幅流动的壁画，与周围的小摆件相得益彰，有趣又显眼。对于一些客厅比较狭长的户型来说，通常会借助镜子的反射延伸空间，在视觉上起到横向扩容的效果，虚化出另一个维度。

客厅的装饰镜一般会选择挂放在沙发墙或边柜上方。在一些欧式风格的精装房空间中，在壁炉上方增添一面镜子，可增强空间的华丽感。此外，在客厅的墙角处巧用装饰镜，也是一个很不错的选择。因为通常角落处的光线较为不足，空间也较为局促。只要在低矮柜子的墙面上挂放装饰镜，就可增加一面墙的反光照射，提高亮度，延伸空间。比起墙镜，落地镜更为灵活，而且斜放能更好地拉升空间高度，加大空间视觉面积。

◇ 沙发墙上居中挂放的装饰镜成为客厅的视觉中心

◇ 欧式风格空间可选择在壁炉上方的墙面悬挂装饰镜

◇ 对称挂放的两组圆形装饰镜给人以韵律的美感

02 餐厅装饰镜

餐厅中挂放装饰镜不仅带来传统文化中的美好寓意,而且可以有效提升空间的艺术气息。可以把餐厅装饰镜当成一幅画作,周边摆上一些小软装饰品,便自成小景。带点摩登奢华的新古典风格餐厅中,太阳造型的装饰镜是首选;乡村风格的餐厅呈现自然的美感,质朴的木框装饰镜令视觉空间更加灵动。

还有一些餐厅空间较为狭小局促,小餐桌选择靠墙摆放,容易给人压抑感,这时可以在墙上挂一面比餐桌稍宽的长条形状的装饰镜,扩大空间感的同时还能增添用餐情趣。如果餐厅中有餐边柜,也可以把装饰镜悬挂在餐边柜的上方。利用反射映射出桌子上的菜肴,可以增加食欲。

◇ 餐厅装饰镜通过反射餐桌上的食物表达出丰衣足食的美好寓意

03 卧室装饰镜

有些人认为卧室中不适合放置装饰镜，其实在现代设计中没有这样的约束，只要摆放合理，装饰镜也可以提升卧室的格调和质感。一般来说，卧室的装饰镜可以直接挂在墙上或者放在地面，与床头平行放置是个不错的选择。但最好不要正对着床或房门，避免居住者夜里起床，意识模糊时看到镜子反射出来的影像受到惊吓。

卧室里的装饰镜除了用作穿衣镜，还可以实现空间扩容，化解狭小卧室给人的压迫感。此外，可以在卧室床头墙上做一些几何图形，搭配上镜子，既有扩大空间的效果，又极具装饰个性。

+ 梁锦驹设计

◇ 床头柜上方几何造型的装饰镜为轻奢风格的卧室空间增添个性

◇ 如果在卧室的床尾挂放装饰镜，应尽量避开正对床头的位置

◇ 床头墙居中挂放装饰镜，显得自由而随性

◇ 不锈钢边框材质的装饰镜具有很好的防潮性能

04 卫浴间装饰镜

　　装饰镜是卫浴间中必不可少的元素，美化环境的同时方便整理仪容。只要经过巧妙的设计，装饰镜会给卫浴间带来意想不到的魔法效果。通常的做法是将镜子悬挂在盥洗台的上方，如果空间足够宽敞，可以在装饰镜的对面安装一面伸缩式的壁挂镜子，能够让人看清脑后方，方便进行染发等动作；如果卫浴间窄小，还可以在浴缸上方悬挂带有框的装饰镜，增加空间感，让卫浴间显得更宽敞。

　　卫浴间装饰镜的边框材质一般都是 PVC，也有不锈钢，因为卫浴空间常处于潮湿状态，木质、皮革等材质的边框使用一段时间后容易发生变形、掉色等众多问题。装饰镜的尺寸一般在 50~60cm 之间，厚度最好在 0.8cm 左右。

◇ 卫浴间的装饰镜背后安装灯带，营造出一种悬浮的视觉感

05 玄关与过道装饰镜

　　玄关是住宅空间中装饰镜使用次数较高的空间，让居住者可在进出门时利用镜子整理自己的仪表。此外，一般精装房的玄关面积都不算大，因此可借助装饰镜的反射作用来扩充其视觉空间。小户型中可选择一整面墙挂放装饰镜，搭配合适的灯光，会使得小空间瞬间宽敞明亮很多；在玄关墙上挂放一面定制的装饰镜或成品全身镜，实用的同时还可以起到一定的装饰作用；玄关空间比较小的家中，可以考虑选择小型的装饰镜挂在柜子的上方，会带来意想不到的装饰效果。

　　通常过道没有足够的自然光，可在一侧墙面上挂放大面装饰镜，既显得美观，又可以提升空间感与明亮度，特别适合小户型的空间。过道中的装饰镜宜选择大块面的造型，横竖均可，面积太小的装饰镜起不到扩大空间的效果。但如果家中有老人的话，最好不要在过道尽头的墙面挂放装饰镜，否则会让老人觉得前面还有空间可以走，容易撞到导致发生意外。

◇ 玄关处的装饰镜宜挂放在门开启方向的另一侧墙面上

◇ 装饰镜可与边几上的摆件一起组成狭长形过道尽头的端景，但注意家中有老人的精装房空间不宜使用这类手法

软装饰品包括摆件和挂件两大块内容，由于其材质的多样性、造型的灵活性及无限的创意性，往往能为室内空间增姿添彩，是精装房软装搭配中极为重要的组成部分，可以很好地彰显居住者的品位，但往往不同的功能空间选择与布置饰品的技巧也各不相同。在布置时注意选择和搭配的要点，通常同一个空间中的软装饰品数量不宜过多，摆设时注意构图原则，避免在视觉上产生一些不协调的感觉。

「 精装房软装设计手册 」

第十三章

软装饰品搭配与陈设艺术

第一节 软装饰品陈设重点

01 软装饰品类型选择

软装饰品的种类很多，形式也非常丰富，应与被装饰的室内空间氛围相协调。但这种协调并不是将软装饰品的材料、色彩、样式简单地融于空间之中，而是要求软装饰品在特定的室内环境中，既能与室内的整体装饰风格、文化氛围协调统一，又能与室内已有的其他物品，在材质、肌理、色彩、形态的某些方面，显现适度对比的距离感。

陶瓷类软装饰品	陶瓷类的软装饰品大多制作精美，有些还有极高的艺术收藏价值。例如中式风格中常见的将军罐、陶瓷台灯以及青花瓷摆件等。	
木质类软装饰品	木质软装饰品以木材为原材料加工而成，给人一种原始而自然的感觉，例如实木相框等。在北欧风格、乡村风格中经常使用。	
金属类软装饰品	金属软装饰品以金属为主要材料加工而成，具有厚重、典雅的特点。例如组合型的金属烛台、实用与装饰兼具的金属座钟等。	
水晶类软装饰品	水晶类软装饰品具有晶莹通透、高贵雅致的特点，例如水晶烛台、水晶地球仪以及水晶台灯等，若配合灯光渲染会大大增强室内感染力。	
树脂类软装饰品	树脂可塑性好，几乎没有不能制作的造型，而且性价比高。例如美式风格中经常出现做旧工艺的麋鹿、小鸟等动物造型的树脂摆件。	

编织类软装饰品	编织是人类最古老的手工之一，编织类的工艺品主要有竹编、藤编、草编、棕编、柳编、麻编等六大类，具有朴素、简洁的特点。	
雕刻类软装饰品	简单来说，雕刻类软装饰品是在木、石、竹、兽骨或黏土等材料上刻字画，具有极高观赏价值的同时也易保存，美观又环保。	

02 软装饰品陈设技法

对称式陈设法

把软装饰品利用均衡对称的形式进行布置，可以营造出协调的装饰效果。如果旁边有大型家具，饰品排列的顺序应该由高到低陈列，以避免视觉上出现不协调感；如果保持两个饰品的重心一致，例如将两个样式相同的摆件并列，可以制造出韵律美感；如果在台面上摆放较多饰品，那么运用前小后大的摆放方法，就可以起到突出每个饰品特色且层次分明的视觉效果。

◇ 对称式陈设法是将样式相同的软装饰品匀称布置，实际运用时也可通过饰品的色彩变化打破原有的呆板感

◇ 对称式陈设法营造出韵律的美感，在中式风格空间中最为常见

三角形陈设法

　　三角形陈设法是以三个视觉中心为饰品的主要位置，形成一个稳定的三角形，具有安定、均衡但不失灵活的特点，是最为常见且效果最好的一种方式。

　　软装饰品摆放讲求构图的完整性，有主次感、层次感、韵律感，同时注意与大环境的融合。三角形构图法主要根据饰品的体积大小或位置高低进行排列组合，陈设后从正面观看时饰品所呈现的形状应该是三角形，这样显得稳定而有变化。无论是直角三角形还是斜三角形，即使看上去不太正规也无所谓，只要在摆放时掌握好平衡关系即可。

+ 传视界文化

◇　三角形陈设法的要点是几个饰品之间需形成高低的落差，这样才能形成一个三角形的构图

+ SCD 郑树芬设计

◇　三角形陈设法在视觉上给人以稳定感，是软装设计中摆设软装饰品常用的手法

　　如果采用三角形陈设法，整个饰品组合应形成错落有致的陈列，其中一个饰品一定要与其他饰品形成落差感，否则无法突出效果。一定要有高点、次高点、低点才能连成一个三角平面，让整体变得丰满且有立体感。

平行式陈设法

有些空间中总有一些看起来高低差别不大的饰品，平时感觉很难进行搭配，不妨尝试平行式陈设法。事实上平行构图是家居空间中出现最多的，如书房、厨房等区域，都非常适合平行式摆设法。

例如小茶几上经常要摆放一些摆件，因为位置小也很难选择落差大的饰品，所以适合平行式陈设。在小户型中通常会有一整面的装饰收纳柜，其中的每一个搁架可以一边收纳杂物，一边陈列珍贵收藏，简单的平行装饰就是最美的。在厨房台面上，很多瓶瓶罐罐都是差不多高矮，要想形成错落感很难，也可以采用平行式陈设，但是要注意进行分组，例如两个饰品一组，另外一个饰品单个一组。

◇ 除了厨房的台面之外，开放式吊柜中的碗碟同样可以采用平行式陈设的手法

◇ 对于一组高低差别不大的饰品来说，平行式陈设可以实现突出每个饰品特色的效果

饰品的组合上有一定的内在联系，形体上要有变化，既对比又协调，物体应有高低、大小、长短、方圆的区别，过分相似的形体放在一起显得单调，但过分悬殊的比例看起来不够协调。

◇ 玄关处的麒麟摆件不仅寓意吉祥，而且其高纯度的色彩具有很好的点睛作用

点睛式摆设法

一些公共空间如客厅等需要摆设一些很重要的饰品以作为视觉集中点，这个点会直接影响到整个软装搭配的效果，这时候就需要选择适合的饰品作为点睛之笔，形成视觉的亮点。

此外，当整个硬装的色调比较素雅或者比较深沉的时候，在软装上可以考虑用亮一点的颜色来提亮整个空间。例如硬装和软装是黑白灰的搭配，可以选择一两件色彩比较艳丽的单品来活跃氛围，带给人不间断的愉悦感受。

◇ 点睛式摆设法适合整体硬装偏素雅的空间，而且此类亮色饰品的数量也不宜过多

第二节 软装饰品风格搭配

Point

北欧风格软装饰品

北欧风格空间中的装饰材料大多质朴天然，室内几乎没有纹样图案装饰，饰品相对比较少，大多以植物盆栽、蜡烛、玻璃瓶、线条清爽的雕塑进行装饰。围绕蜡烛而设计的各种烛灯、烛杯、烛盘、烛托和烛台也是北欧风格空间的一大特色，它们为北欧冰冷的冬季带来一丝温暖。

麋鹿头挂件和装饰挂盘一直都是北欧风格的经典元素，凡是北欧风格的家居空间中，大多都会有这么一个麋鹿头造型的饰品作为壁饰。鹿头多以铜、铁等金属或木质、树脂为材料。装饰挂盘也能表现北欧风格崇尚简洁、自然、人性化的特点，可以选择简洁的白底，搭配海蓝色元素，清新纯净；也可将麋鹿图样的组合挂盘，挂置于沙发背景墙。

◇ 仙人球造型陶瓷摆件

◇ 玻璃器皿

◇ 烛杯

02 中式风格软装饰品

中式风格有着庄重雅致的东方精神，软装饰品的选择与摆设可以延续这种手法并凸显极具内涵的精巧感。

在软装饰品的选择上多以陶瓷制品为主，盆景、茶具也是不错的选择，既能体现出居住者高雅的品位，也更适合营造端庄融洽的气氛。新中式风格的空间常用字画、折扇等来作为饰品装饰，荷叶、金鱼、牡丹等具有吉祥寓意的饰品会经常作为挂件用于背景墙面装饰。此外，中式风格中注重视觉的留白，有时会在一些软装饰品上点缀一些亮色提亮空间色彩，比如传统的明黄色、藏青色、朱红色等，塑造典雅的传统氛围。

中式家居讲究层次感，选择组合型软装饰品挂件的时候注意各个单品的大小选择与间隔比例，并注意平面的留白，大而不空，这样装饰起来才有意境。在软装饰品摆件的摆放位置上选择对称或并列摆放，或者按大小摆放出层次感，以达到和谐统一的格调。

中式家居中常常用到木格栅分割空间或装饰墙面，这些都是软装饰品浑然天成的背景，可在前面加一个与其格调相似的落地饰品，如花几、落地花瓶等，空间美感立竿见影。

+ ACE 设计事务所

◇ 折扇挂件

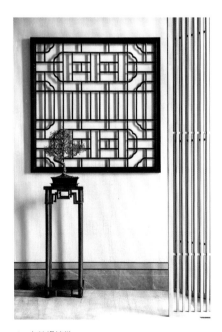

◇ 木花格挂件

◇ 陶瓷茶具

◇ 瑞兽造型摆件

03 美式风格软装饰品

美式风格家居空间偏爱带有怀旧倾向以及富有历史感的饰品，或能够反映美国精神的物品。在强调实用性的同时，非常重视装饰效果。例如地球仪、古旧书籍、做旧雕花实木盒、表面略显斑驳的陶瓷器皿、动物造型的金属或树脂雕像等。

美式风格的软装饰品挂件可以天马行空地自由搭配，铁艺材质的墙饰和镜子、老照片、手工艺品等都可以挂在一面墙上。此外，美式风格家居空间的墙面也可选择装饰色彩复古、做工精致、表面做旧的工艺挂盘，让墙面装饰更有格调。

◇ 树脂首饰架

◇ 质感厚重的果盘摆件

◇ 做旧工艺挂盘

◇ 麋鹿造型摆件

◇ 金属烛台

Point

04 法式风格软装饰品

法式风格端庄典雅，高贵华丽，软装饰品摆件通常选择精美繁复、高贵奢华的镀金镀银器或描有繁复花纹的描金瓷器，大多带有复古的宫廷尊贵感。烛台与蜡烛的搭配也是法式家居中非常点睛的装饰，精致的烛台可以增添家居生活的情趣。此外，法式风格家居通常用组合型的金属烛台搭配丰富的花艺，并以精美的油画作为背景，营造高贵典雅的氛围。常见的法式风格软装饰品挂件有挂镜、壁烛台、镀金挂钟等。

◇ 带繁复花纹的描金瓷器

◇ 镀金摆件

◇ 镀金收纳盒

05 **现代风格软装饰品**

现代风格简约实用，饰品数量不用过多，以个性前卫的造型，简约的线条和低调的色彩为宜，材质上多以金属、玻璃或者瓷器为主。抽象人脸摆件、人物雕塑、简单的书籍组合、镜面的金属饰品是现代风格家居空间最常见的软装饰品摆件，此外还会在局部出现烛台或各种颜色的方边框相框，但均需严格控制数量，点到为止。

现代风格家居的墙面多以单色为主，容易显得单调，也因此具有很大的可装饰空间，软装饰品挂件的选用成为必然。照片墙和挂钟、挂镜等装饰最为常见。现代风格的挂钟外框以不锈钢居多，钟面色系纯粹，指针造型简洁大气。

+ SSD 设计

◇ 镜面材质壁饰

+ 戴勇设计

◇ 抽象人脸摆件

◇ 极简造型挂钟

06 东南亚风格软装饰品

　　东南亚风格营造出纯朴天然的空间氛围，软装饰品多为带有当地文化特色的纯手工艺品，以纯天然的藤竹柚木为材质，并且大多采用原始材料的颜色。如粗陶摆件、藤或麻装饰盒、木质的大象工艺品、莲花、棕榈等造型摆件，富有禅意，充满淡淡的温馨与自然气息。此外，东南亚具有很多佛教元素，比如佛像、佛手、烛台、香薰等。将佛教元素的装饰品运用到室内空间中是东南亚风格家居的特点之一，可以让家中多一分禅意的宁静。

　　东南亚风格家居选择软装饰品挂件时注重留白与意境，通常选用少量的木雕软装饰品和铜制品点缀便可以起到画龙点睛的作用。但注意铜容易生锈，在选用铜质挂件时要注意做好护理防生锈。

◇ 佛像饰品

◇ 挂钩

◇ 大象造型收纳罐

◇ 大象造型软装饰品

◇ 木雕挂件

◇ 烛台

第三节 精装房空间软装饰品搭配方案

客厅软装饰品

风格搭配

在现代风格客厅中，应尽量挑选一些造型简洁的高纯度饱和色的摆件，金属挂件也是一个非常不错的选择；新古典风格的客厅可以选择烛台、金属台灯等；美式乡村风格客厅经常摆设仿古做旧的软装饰品，如老照片、表面做旧的铁艺座钟、仿旧的陶瓷摆件、装饰羚羊头挂件等；新中式风格客厅中，鼓凳、将军罐、鸟笼以及一些实木摆件能增加空间的中式禅味，小鸟、荷叶以及池鱼元素的陶瓷挂件则适合出现在背景墙上。

◇ 金属烛台更能展现新古典风格客厅的贵族气息

◇ 鸟笼是中式风格客厅常见的软装饰品

◇ 富有历史感的软装饰品是美式风格客厅的主要特征

+ 壁炉区域软装饰品陈设

在欧式或美式的空间中经常会出现壁炉，不仅对室内空间气氛的营造起着关键的作用，而且可以给人以温暖和亲密的感觉。为了能让壁炉更具有情景化的感觉，可以在壁炉芯内放适量自然状态的木材或木棍。因为在传统意义上来讲，壁炉就是专门用来燃烧木材的，并以此达到供暖的目的。只是在现代社会里，大多数人已经不需要在室内燃烧木材取暖了。

壁炉台面上可放置一些其他情景类的饰品组合，比如古典的雕塑、蜡烛和烛台，这样可以让整个壁炉看起来更加饱满。在壁炉后的墙面上挂一个铜制的挂镜，也是一个比较有代表性的做法，还可以在镜子前放置一幅尺寸较小的装饰画，不仅可以增强色彩冲击力，还可以减弱镜子的光线反射，给人一种视觉舒适的效果。

◇ 现代风格客厅常见造型简洁的软装饰品

◇ 壁炉芯内放适量自然状态的木材或木棍更具有情景化的感觉

最基础的壁炉台面装饰方法是整个区域呈三角形，中间摆放最高大的背景物件，如镜子、装饰画等，左右两侧摆放烛台、植物或其他符合整体风格的摆件来平衡视觉，底部中间摆放小的画框或照片，角落里可以点缀一些高度不一的小饰品。此外，壁炉旁边也可适当加些落地摆件，如果盘、花瓶等，不生火时放置木柴等能营造温暖的氛围。

◇ 古典造型的装饰镜与手绘描金瓷器让法式风格的壁炉区域显得十分饱满

壁炉区域软装饰品陈设方案

+ 茶几区域软装饰品陈设

茶几上陈设三种类型的软装饰品是最佳的搭配，不管是什么大小和形状，组合起来都非常和谐。如果茶几上的软装饰品数量较多，可将每三个相近的物品归为一组，例如三个球形花瓶、三本书，每个组合之间又有点间隔，整个桌面丰满而不拥挤。注意在堆叠书本的时候，最好是由大到小从下到上摆放，非常有层次感。当然只是单纯的方形书本做装饰的话，会显得有点单调乏味，圆形就能增加视觉愉悦感。圆形花瓶、蜡烛都可以。

高度不一的搭配会更有立体感。可以以三种不同高度的软装饰品进行陈设，最高的物品可以摆放在中间，两边采用对称陈设。当然，不对称呈现得也很多，只要是不同高度错落有致的陈设都会有很好的画面感。

如果茶几上有三组软装饰品，想要不显得杂乱，可以把每组都以书本为底座，不仅看起来比较稳重，而且每组之间也有一定的联系。除了书本，好看的杂志、托盘，都是很好的陈设道具。

透明茶几，具有一些特殊性，就是需要考虑地毯。现代风格的客厅可以选用黑白撞色地毯，以这种简单几何造型和色彩为背景的话，一本时尚杂志，结合方圆及不同高度的原则搭配起来是一个不错的选择。但是如果地毯图案比较繁杂细腻而且很出彩的话，那就不要太注重茶几上的装饰，而是突出展现地毯。如果是双层玻璃茶几，除了需要关注地毯背景，还需要考虑上下层的分配装饰。不需要两层都要摆放软装饰品，如果坚持摆设的话，那就要注意层次感。一个漂亮的带有盖子的盒子或者篮子放在底层就很好，里面还能收纳物品。

◇ 如果茶几上出现多组软装饰品的陈设，可把每三个相近的物品作为一组，每个组合之间又保持适当的间隔

◇ 茶几上的软装饰品适合三角形陈设的手法，高度不一的搭配富有层次感

不对称法

　　将装饰物组合摆放在茶几的一端，桌面其他地方适当留白，也是一种很好的展示手法。这种手法特别适合偏长的茶几。

斜对称手法

　　正方形茶几，可以将两组装饰品在两个斜对角上陈设，一端是一盏有高度的台灯或者花瓶，另一端是堆叠的书和艺术品，两端高度不一又相映成趣。

客厅中除了茶几之外，角几小巧灵活，其目的在于方便日常放置经常移动的小物件，如台灯、书籍、咖啡杯等，这些常用品可作为软装配饰的一部分，然后再配合增添一些小盆栽或精美的软装饰品，就能营造一个自然娴雅的小空间。角几的旁边如果还有空间，可增加一些落地摆件，以丰富角几区域的层次，而且起到平衡空间视觉的作用。

◇ 客厅的角几适合摆设台灯、书籍以及一些体量较小的软装饰品

Point

02 玄关软装饰品

玄关区域的软装饰品宜简宜精，一两个高低错落摆放，形成三角构图最显别致巧妙。

如果是没有任何柜体的玄关台，台面上可以陈设两个较高的台灯搭配一件低矮的花艺，形成两边高中间低的效果。也可以直接用一盆整体形状呈散开形的绿植或者是一个横向长形的饰品进行陈设。如果觉得摆设的绿植不够丰满，还可以在旁边再加上烛台或台灯。

由于某些家具的特殊性，例如有的玄关柜的柜体下层会带有隔板，这种情况下一般会选择在隔板上摆放一些规整的书籍或精致储物盒作为装饰。有盒子的情况下还可在边上放一些具有情景画效果的软装饰品。这里所用到的书籍和装饰品具有很强的实体性。那么在旁边还可以搭配一个铁环制品，这类饰品可以很好地起到虚化作用。在台面上，可以在隔板虚化掉的这一边放上陶瓷器皿以及花瓶，然后再加上植物的点缀。这样就可以达到虚实结合的效果。

◇ 两个较高的台灯对称摆设，中间搭配一组三角形陈设的软装饰品，呈现秩序的美感中又蕴含细节的变化

03 过道软装饰品

过道上除了挂装饰画，也可以增加一些软装饰品提升装饰感，数量不用太多，以免引起视觉混乱。软装饰品颜色、材质的选择应跟家具、装饰画相呼应，造型以简单大方为佳。例如在墙面上悬挂两束仿真花草也能起到很好的装饰作用，增添自然活力的同时为过道营造一个轻松阳光的氛围。因为过道是走动的地方，所以这个区域的软装饰品陈设要注意安全稳定，并且避免阻挡空间的动线。

楼梯过道口的装饰容易被忽略，这里加上一组柜子或几个软装饰品摆件，会使整个空间的装饰感得以延续，通过楼梯口的过渡，为即将看到的空间预留惊喜。通常楼梯口适合大而简洁的组合性装饰，简约自然的线条不引人长时间地停留，如一组大小不一的落地陶罐组合搭配干枝造型的装饰，古朴又有意境，不张扬不做作，凸显居住者的品位。

+ 郑俊华设计

◇ 过道的软装饰品陈设以不影响通行为原则，所以利用墙面装饰一些呼应整体风格的壁饰是很好的方案

◇ 落地陶罐组合搭配干枝造型显得既古朴又富有意境

04 餐厅软装饰品

餐厅软装饰品的主要功能是烘托就餐氛围，餐桌、餐边柜甚至墙面搁板上都是摆设饰品的好去处。桌旗、花器、烛台、餐巾环、仿真盆栽以及一些创意铁艺小酒架等都是不错的搭配。烛台应根据餐具的花纹、材质进行选择，一般同质同款的款式比较保险；桌旗是餐厅的重要装饰物，对于营造氛围起到很大的作用，色彩建议与餐椅互补或近似；小小餐巾环能彰显餐桌的精致感，材质、花样、造型能与其他软装饰品呼应的被视为最佳选择，比如与银器上的纹理呼应，又比如与烛台造型呼应，再比如与餐巾的颜色呼应等。

餐厅中的软装工艺品摆件成组摆放时，可以考虑采用照相式的构图方式或者与空间中局部硬装形式感接近的方式，从而产生递进式的层次效果。

◇ 彰显轻奢气质的餐厅软装饰品陈设方案

◇ 桌旗对于营造餐厅氛围起到很大的作用

餐厅如果是开放式空间，应该注意软装配饰在空间上的连贯，在色彩与材质上的呼应，并协调局部空间的气氛。例如餐具的材料如果是带金色的，那就在工艺品挂件中加入同样的色彩，有利于空间氛围的营造与视觉感的流畅，使整个空间显得更加和谐。

美式风格餐桌摆饰

美式风格餐桌摆饰可以布置得内容丰富，种类繁多。烛台、风油灯、小绿植、散落的小松果都可以作为点缀。餐具的选择上也没有严格要求说一定是成套的，可以随意搭配，给人感觉温馨而又放松，让人食欲倍增。

现代风格餐桌摆饰

现代风格餐桌摆饰的餐具材质包括玻璃、陶瓷和不锈钢等，造型简洁，通常餐具的色彩不会超过三种，常见的有黑白组合或者黑白红组合。餐桌上的装饰物可选用金属材质，且线条要简约流畅，可以有力地体现这一风格。

法式风格餐桌摆饰

法式风格的餐具在选择上以颜色清新、淡雅为佳，印花要精细考究，最好搭配同色系的餐巾，颜色不宜出挑繁杂。银质装饰物可作为餐桌上的搭配，如花器、烛台和餐巾扣等，但体积不能过大，宜小巧精致。

中式风格餐桌摆饰

中式风格餐桌摆饰在餐扣或餐垫上用一些带有中式韵味的吉祥纹样，一些质感厚重粗糙的餐具，可能会使就餐意境变得古朴而自然，清新而稳重。此外，中式餐桌上常用带流苏的玉佩作为餐盘装饰。

北欧风格餐桌摆饰

北欧风格偏爱天然材料，原木色的餐桌、木质餐具能够恰到好处地体现这一特点。几何图案的桌旗是北欧风格的不二选择。除了木材，还可点缀以线条简洁、色彩柔和的玻璃器皿，以保留材料的原始质感为佳。

+ IDEAL 陈设艺术

+ 于计设计

05 卧室软装饰品

卧室需要营造一个轻松温馨的休息环境，所以饰品不宜过多，除了装饰画、花艺之外，点缀一些首饰盒、小软装饰品摆件就能提升空间氛围。也可在床头柜上放一组照片配合造型精美的台灯，让卧室倍添温馨。

卧室墙上的软装饰品挂件应选择图案简单、颜色沉稳内敛的类型，给人以宁静和缓的感觉，利于高质量的睡眠。扇子是古时候文人墨客的一种身份象征，有着吉祥的寓意。圆形的扇子饰品配上流苏和玉佩，呈现出浓郁的东方古韵气质，通常会用在中式风格卧室中；别致的树枝造型挂件有多种材质，例如陶瓷加铁艺，还有纯铜加镜面，都是装饰背景墙的上佳选择，相对于挂画更加新颖，富有创意，给人耳目一新的视觉体验。

◇ 卧室床头柜上除了台灯之外，相框和小体量的插花也是很好的搭配

◇ 荷叶造型的金属壁饰展现出新中式卧室中的轻奢格调

◇ 色彩丰富的挂盘体现活泼童趣的主题

Point

06 **儿童房软装饰品**

　　儿童房的装饰要考虑到空间的安全性以及对身心健康的影响，不宜用玻璃等易碎品或易划伤人的金属类软装饰品，应预留更多的空间供孩子自主活动。墙面上可以是儿童喜欢的或引发想象力的装饰，如儿童玩具、动漫童话挂件、小动物挂件、树木造型挂件等，也可以根据儿童的性别选择不同格调的软装饰品，鼓励儿童多思考、多接触自然。

◇ 富有趣味性的软装饰品是儿童房的首选

07 书房软装饰品

　　书房需要营造安静的氛围，所以软装饰品的颜色不宜太过跳跃，造型避免太怪异，以免给进入该区域的人造成压抑感。现代风格书房在选择软装饰品时，要求少而精，适当搭配灯光效果更佳；新古典风格书房中可以选择金属书挡、不锈钢烛台等摆件。中式风格的书桌上常用的软装饰品有不可或缺的文房四宝，以及笔架、镇纸、书挡和中式造型的台灯。

　　书房同时也是一个收藏区域，如果软装饰品以收藏品为主也是一个不错的方法。具体可以选择有文化内涵或贵重的收藏品作为重点装饰，与书籍或居住者喜欢的小饰品搭配摆放，按层次排列，整体以简洁为主。

◇ 如果书房中的开放式书柜面积较大，可考虑把软装饰品与书籍穿插摆设

◇ 在中式风格书房中，文房四宝是表现书香气息的最佳元素

◇ 根雕摆件搭配陶表现出清雅淡泊的中式禅意氛围

08 茶室软装饰品

在家中打造一间清新雅致的小小茶室，燃一线香，沏壶好茶，在行云流水的琴音中体味淡泊的心境，细品袅袅的茶香，这未尝不是现代生活中返璞归真的诗意栖居。

茶室软装饰品的选择宜精致而有艺术内涵，或用一两幅字画、些许瓷器点缀墙面，以大量的留白来营造宁静的空间氛围；或用一些具有自然而和缓格调的、带有山水的艺术元素，如莲叶、池鱼、流水等，与茶水文化气质相呼应；除此之外，还可以在墙面挂上一些具有民俗风情的物品，比如蓑衣、斗笠、竹篓等，这样可以增添茶室的乡土气息，别有一番趣味；或者可以添加一些根雕、竹雕、陶艺、盆景、奇石和花卉等摆设，这样也能增强茶室的美观性。

◇ 茶室首选与茶水文化气质相呼应的软装饰品

◇ 在厨房中，利用墙面搁板陈设碗碟与陶瓷软装饰品是常用的手法

09 厨卫软装饰品

厨房在选择软装饰品时尽量照顾到实用性，要考虑在美观基础上的清洁问题，还要尽量考虑防火和防潮。玻璃、陶瓷一类的软装饰品摆件是首选，容易生锈的金属类摆件尽量少选。此外，厨房中许多形状不一，采用草编或是木制的小垫子也是很好的装饰物。

卫浴间中的水汽和潮气很多，所以通常选择陶瓷、玻璃和树脂材质的软装饰品，这类饰品不会因为受潮而褪色变形，而且清洁起来也很方便。除了一些装饰性的花器、梳妆镜之外，比较常见的是洗漱套件，既具美观出彩的设计，同时还可以满足收纳所需。卫浴间墙面上宜选择防水耐湿材料的软装饰品挂件，为保持卫浴间整洁干净的格调，具有自然气息的挂件会让空间氛围更加轻松愉悦。

◇ 卫浴间的软装饰品应具备防水和防潮的性能，可利用墙面壁龛或置物架进行陈设